国防科技图书出版基金

卫星系统电波传播

Radiowave Propagation of Satellite Systems

赵振维　林乐科　卢昌胜　张蕊　刘琨　张鑫　编著

国防工业出版社

·北京·

图书在版编目（CIP）数据

卫星系统电波传播 / 赵振维等编著. —北京：国防
工业出版社，2020.10
ISBN 978-7-118-12033-2

Ⅰ. ①卫… Ⅱ. ①赵… Ⅲ. ①卫星通信系统-电波传
播 Ⅳ. ①V474.2

中国版本图书馆 CIP 数据核字（2020）第 036064 号

※

国防工业出版社出版发行

（北京市海淀区紫竹院南路 23 号　邮政编码 100048）
三河市腾飞印务有限公司印刷
新华书店经售
*
开本 710×1000　1/16　插页 2　印张 12½　字数 212 千字
2020 年 10 月第 1 版第 1 次印刷　印数 1—2000 册　定价 69.00 元

国防书店：(010)88540777　　书店传真：(010)88540776
发行业务：(010)88540717　　发行传真：(010)88540762

致 读 者

本书由中央军委装备发展部**国防科技图书出版基金**资助出版。

为了促进国防科技和武器装备发展,加强社会主义物质文明和精神文明建设,培养优秀科技人才,确保国防科技优秀图书的出版,原国防科工委于1988年初决定每年拨出专款,设立国防科技图书出版基金,成立评审委员会,扶持、审定出版国防科技优秀图书。这是一项具有深远意义的创举。

国防科技图书出版基金资助的对象是:

1. 在国防科学技术领域中,学术水平高,内容有创见,在学科上居领先地位的基础科学理论图书;在工程技术理论方面有突破的应用科学专著。

2. 学术思想新颖,内容具体、实用,对国防科技和武器装备发展具有较大推动作用的专著;密切结合国防现代化和武器装备现代化需要的高新技术内容的专著。

3. 有重要发展前景和有重大开拓使用价值,密切结合国防现代化和武器装备现代化需要的新工艺、新材料内容的专著。

4. 填补目前我国科技领域空白并具有军事应用前景的薄弱学科和边缘学科的科技图书。

国防科技图书出版基金评审委员会在中央军委装备发展部的领导下开展工作,负责掌握出版基金的使用方向,评审受理的图书选题,决定资助的图书选题和资助金额,以及决定中断或取消资助等。经评审给予资助的图书,由中央军委装备发展部国防工业出版社出版发行。

国防科技和武器装备发展已经取得了举世瞩目的成就,国防科技图书承担着记载和弘扬这些成就,积累和传播科技知识的使命。开展好评审工作,使有限的基金发挥出巨大的效能,需要不断摸索、认真总结和及时改进,更需要国防科技和武器装备建设战线广大科技工作者、专家、教授,以及社会各界朋友的热情支持。

让我们携起手来,为祖国昌盛、科技腾飞、出版繁荣而共同奋斗!

国防科技图书出版基金
评审委员会

国防科技图书出版基金
第七届评审委员会组成人员

前　　言

　　自第一颗人造卫星进入太空半个多世纪以来,科学家将各种卫星系统应用于不同的领域,如科学探测、天气预报、通信、导航和遥感等系统,并已成为构建天地一体化信息网络系统的重要基础设施。卫星系统的发展拓展了人类的视野,改变了人们的生活方式,在国民经济、国防、防灾减灾等领域发挥着越来越大的作用。

　　随着卫星系统的快速发展,其使用的无线电频率范围不断拓宽,系统功能越来越复杂,链路的可靠性要求越来越高。卫星系统的星地链路穿越地球大气层,地球大气及其复杂变化、地表及覆盖物等对不同频段无线电波产生的传播效应是影响卫星应用系统性能的关键因素。例如,对于 UHF 和 L 频段卫星系统,电离层闪烁衰落是影响其性能的重要因素,严重时可造成系统中断;对于移动卫星系统,地/海面反射造成的多径传播会形成严重的衰落;对于 Ku 以上频段卫星系统,降雨衰减是造成系统中断的重要原因,因此,电波传播影响是科学地规划与设计卫星系统所必需考虑的重要因素。为使卫星系统可靠的工作,必须首先摸清电波在地空传播路径上所有因素的影响,得到其统计特性。如果低估了电波传播的影响,轻则不能达到预期的系统可靠性要求,重则可能导致系统失效;如果高估了电波传播的影响,势必增加系统载荷和复杂度,既造成浪费,也增加技术难度。

　　电波传播作为卫星系统链路环境适应性设计的重要环节,虽然相关卫星系统的专著中都有专门章节论述其在系统链路设计中的应用,但大多只介绍了部分电波传播效应,国内尚缺少全面介绍卫星系统电波传播的专门论著。为此,作者在长期从事电波传播研究和国际电信联盟电波传播标准修订工作的基础上,系统总结了国内外卫星系统电波传播研究成果,并结合卫星通信系统和卫星广播系统介绍了电波传播在系统设计中的工程应用,以期提高广大卫星系统研发和应用人员对卫星系统电波传播特性的认识,更好地利用电波传播知识优化卫星系统设计,提升卫星系统链路的环境适应性和可靠性。

　　本书第 1 章概述了卫星系统电波传播和链路设计所需的基本知识;第 2 章介绍了大气折射、吸收和对流层闪烁等晴空传播效应及其预测方法;第 3 章论述

V

了云、雨和雾等水凝物的物理特性及其对电波传播的影响,给出了降雨衰减和云雾衰减等传播效应的预测方法;第4章针对海事卫星移动业务、陆地卫星移动业务和航空卫星移动业务,介绍了地海面反射和植被、建筑物等本地环境造成的卫星信号衰落、遮蔽等电波传播特性及其预测方法;第5章介绍了电离层的物理特性,给出了电离层折射、色散和闪烁等电波传播效应的预测方法;第6章系统论述了卫星系统设计中所需的宇宙噪声、大气噪声、云雨噪声、地(海面)辐射噪声的计算方法,并给出了考虑传播干扰下的卫星地球站协调距离的预测方法;第7章介绍了卫星系统主要抗衰落技术,并根据传播效应给出了典型卫星系统的传播设计方法。

本书第1、2章和第6章由赵振维和林乐科撰写,第3章和第7章由卢昌胜、张鑫和吕兆峰撰写,第4章由张蕊撰写,第5章由刘琨撰写,并由赵振维、林乐科对全书进行了统稿。

本书的研究工作得到了国家自然科学基金项目(61971385、61901424)的支持,编写过程中使用了中国电波传播研究所长期研究积累资料,并得到了所领导、同事的大力支持和帮助,参阅和引用了国内外大量专家学者的论文、专著,以及国际电信联盟大量电波传播标准建议书,在此表示深深的感谢。感谢中国电波传播研究所张明高院士和西安电子科技大学吴振森教授的长期指导、关心和帮助,感谢国防工业出版社国防科技图书出版基金的资助。

由于作者水平有限,疏漏和错误之处在所难免,恳请广大读者批评指正。

编著者
2019 年 2 月

目　　录

Contents

第 1 章　卫星系统电波传播基础

卫星系统的设计、建设和运行均需要可靠的电波传播特性信息支持。卫星系统的无线电信号从地面用户到卫星之间传播必须穿越包括对流层和电离层在内的地球大气层,地球大气和地面及覆盖物对无线电波传播的影响,会引起星地链路信号的幅度、相位、极化和到达角的变化,导致信号传输质量的下降,严重时甚至可导致信号中断,因此,在系统设计中必须考虑电波传播对系统性能和预期技术指标实现的影响。电波传播对卫星系统的影响程度取决于系统的工作频率、传输方式、对卫星的仰角、当地的地理、气象和电离层环境等。例如:雨衰减是影响 Ku 频段及以上频段卫星系统的主要因素,但其对 L 频段卫星系统的影响可以忽略;同样,地物反射和遮蔽是影响移动卫星系统性能的关键因素,在固定卫星系统中可通过终端站址的选择予以避免。在卫星系统的规划设计阶段,需针对卫星的不同系统类型,利用星地链路电波传播统计特性进行链路可靠性的设计,以提高卫星系统链路的环境适应性。在卫星系统运行阶段,可通过衰落短期预报和近实时预测,支持系统的任务规划和抗衰落技术的实施。

本章主要介绍卫星系统与电波传播相关的一些基础知识。

1.1　卫星系统参数

1.1.1　工作频率

由于低于30MHz 的无线电波通过大气层时会被电离层反射,因此,卫星系统所使用的工作频率需要大于 30MHz。卫星系统的工作频率取决于其业务类型。卫星通信系统总是使用大气吸收峰之间的窗口频段,以减少大气吸收损耗,并使用越来越高的频率以提高传输速率。而对于地球资源卫星,其工作频率取决于其探测和遥感目的。例如,红外频段用于地表、植被、云的遥感,微波频段用于地表探测和冰盖厚度探测,毫米频段用于探测云雾,利用水汽吸收频段遥感水汽,利用氧气吸收频段遥感干空气特性等。

随着卫星业务的不断拓展和技术的发展,卫星系统的工作频率也在不断拓展。VHF、UHF 到 L 和 C 频段的卫星系统已广泛应用于通信、遥感、导航等领域；Ku 和 Ka 频段的卫星系统正在普遍得到应用，EHF 及以上频段的卫星正逐步得到开发和应用。

通常有两种表征频段划分的方法。一种如表 1-1 所列，这一方法源自 20 世纪 40 年代雷达系统应用，但在实际使用中频段的边界划分并不很严格，K 频段进一步划分为 Ku 频段和 Ka 频段，且经常出现频段中频率重叠的现象，如一些文献将 Ku 频段确定为 10.9～12.5GHz，也有人将 Ku 频段确定为 11.7～14.5GHz。另一种是国际电信联盟（ITU）使用的频段划分，如表 1-2 所列，这一方法按波长的十倍数进行划分，较第一种方法更加明确，根据这一分法卫星主要业务用频集中在 VHF 至 EHF 频段，特别是当前大部分卫星系统使用的频率集中在 SHF 频段，不便于更详细的表征卫星系统用频。

表 1-1   用字母表征的频段划分

符号	雷达		空间通信	
	频谱区域/GHz	频段/GHz	标称频率/GHz	频段/GHz
L	1～2	1.215～1.4	1.5	1.525～1.71
S	2～4	2.3～2.5 2.7～3.4	2.5	2.5～2.690
C	4～8	5.25～5.85	4/6	3.4～4.2 4.5～4.8 5.85～7.075
X	8～12	8.5～10.5		
Ku	12～18	13.4～14.0 15.3～17.3	11/14 12/14	10.7～13.25 14.0～14.5
K	18～27	24.05～24.25	20	17.7～20.2
Ka	27～40	33.4～36.0	30	27.5～30.0
V	—	—	40	37.5～42.5 47.2～50.2

表 1-2   ITU 常用频段划分

频段	频率	波长
ULF	300Hz～3kHz	$10^5～10^6$ m
VLF	3kHz～30kHz	$10^4～10^5$ m
LF	30kHz～300kHz	$10^3～10^4$ m
MF	300kHz～3MHz	$10^2～10^3$ m
HF	3MHz～30MHz	10～100m

（续）

频段	频率	波长
VHF	30MHz ~ 300MHz	1 ~ 10m
UHF	300MHz ~ 3GHz	10cm ~ 1m
SHF	3GHz ~ 30GHz	1cm ~ 10cm
EHF	30GHz ~ 300GHz	1mm ~ 1cm

1.1.2　极化与极化角

尽管电波以球面的方式向外辐射,但当电波远离发射源时通常被认为是平面波,此时,电场和磁场矢量相互垂直,且位于垂直于传播方向的平面内,如图 1 - 1 所示。

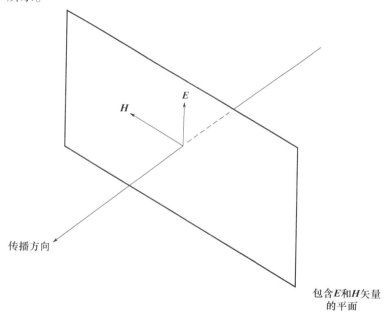

图 1 - 1　平面波与极化

当电波在空间传播时,如电场矢量的方向不变,此时波的极化方式为线极化,如电场矢量围绕传播轴旋转,则极化方式为圆极化。圆极化可分解为幅度相等,相位相差90°的两个线极化波,极化的最一般形式为椭圆极化,线极化和圆极化均为其特殊情况。系统采用何种极化形式受多种因素影响,通常传播对线极化波造成的不利影响要小于圆极化波,同时线极化天线较圆极化天线结构简单、便于制造、成本低。但当媒质造成的电波极化旋转较大时,如低频段电波穿越电离层时,则选用圆极化波更具有优势。

极化角是讨论卫星上所发的线极化波方向与地面站接收天线的线极化波方向是否重合的问题。电磁场理论中定义电场强度与入射面垂直的平面波为垂直极化波,与入射面平行的平面波为平行极化波,而工程上通常将电场矢量与地面平行的平面波定义为水平极化平面波,与地面垂直的平面波定义为垂直极化平面波,因此,如果以地球表面为参考,这种定义更为直观。对于卫星发射的是线极化波,水平极化通常定义为电场矢量与赤道面平行,而垂直极化定义为电场矢量与地球极轴平行。在这种情况下,可以看出,在赤道的星下点,两种极化都与地平面平行,在卫星波束覆盖区内的其他点,极化矢量将与地球表面参考面成某一个角度。根据前人的研究成果,参考面选取为包含传播方向和本地重力方向(铅垂线)的平面,如图 1 − 2 所示。图中 k 为电磁波传播方向,r 为本地重力方向。

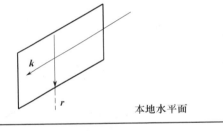

图 1 − 2　参考面示意图

若从地面站向卫星方向观察,则相对于原来的极化方向,高频头应按以下角度进行调整:

$$\psi = \arccos \frac{\sin\phi_{\mathrm{L}}\{1 - [R_{\mathrm{E}}/(R_{\mathrm{E}} + R_0)]\cos L \cos\phi_{\mathrm{L}}\}}{\langle(\cos^2\phi_{\mathrm{L}}\sin^2 L + \sin^2\phi_{\mathrm{L}})\{[R_{\mathrm{E}}/(R_{\mathrm{E}} + R_0)]^2\cos^2\phi_{\mathrm{L}} + 1 - 2[R_{\mathrm{E}}/(R_{\mathrm{E}} + R_0)]\cos L \cos\phi_{\mathrm{L}}\}\rangle^{1/2}}$$

$$(1.1)$$

式中:R_{E} 为地球半径(km);R_0 为静止卫星距地面高度(km);ϕ_{L} 为地面站纬度的绝对值(°)。

L 按下式计算:

$$L = |\theta_{\mathrm{S}} - \theta_{\mathrm{L}}| \tag{1.2}$$

式中:θ_{S} 为星下点经度(°);θ_{L} 为地面站经度(°)。

由于 $R_0 \gg R_{\mathrm{E}}$,式(1.1)可以简化为

$$\psi = \arctan \frac{\sin L}{\tan\phi_{\mathrm{L}}} \tag{1.3}$$

在北半球:若地面站在卫星子午线以西,ψ 表示需要逆时针旋转的角度;若地面站在卫星子午线以东,ψ 表示需要顺时针旋转的角度。南半球则相反。接收天线最终的极化角为其初始极化角(水平极化为 0°,垂直极化为 90°)与 ψ 之和(逆时针)或差(顺时针)。

式(1.3)与式(1.1)的计算结果基本一致,图 1 - 3 给出了式(1.2)与式(1.3)在北纬30°随 L 的变化结果,其最大误差也不到0.3°。

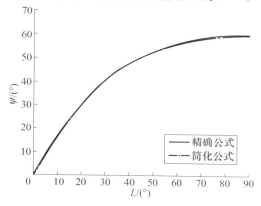

图 1 - 3 精确公式(1.1)与简化公式(1.3)的比较

1.1.3 地面站天线的方位角和仰角

对于卫星系统电波传播预测和卫星系统应用,需要知道地面站天线的仰角和方位角,如图 1 - 4 所示,可以利用以下方法计算地面站天线到卫星的方位角、仰角。

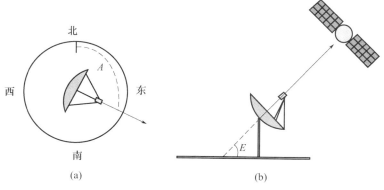

图 1 - 4 地面站天线的方位角和仰角
(a)方位角;(b)仰角。

首先计算一个中间角度 A'：

$$A' = \arctan\left(\frac{\tan|\theta_S - \theta_L|}{\sin\phi_L}\right) \quad (1.4)$$

式中：θ_L 为地面站经度（°）；ϕ_L 为地面站纬度（°）；θ_S 为星下点经度（°）。

按照地面站与星下点相对位置的不同，方位角 A 的计算公式如下：

当地面站位于北半球，且卫星在南偏东时，$A = 180° - A'$，卫星在南偏西时，$A = 180° + A'$。当地面站位于南半球，且卫星在北偏东时，$A = A'$，卫星在北偏西时，$A = 360° - A'$。

仰角 E 的计算公式为

$$E = \arctan\left\{\left[\cos\phi_L\cos(\theta_L - \theta_S) - \frac{R_E}{r}\right] \middle/ \sqrt{1 - \left[\cos\phi_L\cos(\theta_L - \theta_S)^2\right]}\right\} \quad (1.5)$$

式中：r 为静止卫星轨道半径，$r = 42164.2\text{km}$；R_E 为地球半径，$R_E = 6378.155\text{km}$。

1.2 自由空间传播损耗

自由空间是指无任何媒质衰减、无任何阻挡、无任何多径的传播空间。自由空间是一个理想化的概念，理想的无线传播条件是不存在的。一般认为只要地面上空的大气层是各向同性的均匀媒质，其相对介电常数 ε 和相对磁导率 μ 都等于 1，传播路径上没有障碍物阻挡，到达接收天线的地面反射信号场强也可以忽略不计，在这样的情况下，就可以认为是自由空间传播。自由空间电波传播是无线电波最基本、最简单的传播方式，为研究电波传播提供了一个简化的传播环境。自由空间传播损耗是由于天线辐射的无线电波在空间扩散造成的，是卫星系统电波传播的基本传播损耗，其他电波传播效应均是相对自由空间传播的附加效应。

从点源辐射的无线电波在自由空间传播时，其能量将均匀地扩散到一个球面上。如用定向天线，电波将向某一方向汇聚，在此方向上获得增益。假设发射机发射功率为 P_t，增益为 G_t，接收天线有效接收面积为 A_r，路径长度为 d，路径介质损耗为 L，则根据信号在自由空间的扩散规律，到达接收天线的接收功率为

$$P_r = \frac{P_t G_t}{4\pi d^2} \cdot \frac{A_r}{L} \quad (1.6)$$

式中，接收天线有效接收面积 A_r 可由接收天线增益 G_r 和工作波长 λ 表示，即：

$$A_r = G_r/(4\pi/\lambda^2) \quad (1.7)$$

将式（1.7）代入式（1.6），可得

$$P_r = P_t G_t G_r / (4\pi d / \lambda)^2 = P_t G_t G_r / L_0 \qquad (1.8)$$

式中：$L_0 = (4\pi d / \lambda)^2$ 为自由空间传播损耗。采用分贝值表示，同时将波长转换为频率，最终可得

$$[L_0] = 92.4 + 20\lg(d) + 20\lg(f) \, \text{dB} \qquad (1.9)$$

式中：距离 d 的单位为 km；频率 f 的单位为 GHz。

例如，假设地面站和固定卫星之间的距离为 37000km，工作频率为 20GHz，则根据式(1.9)可以计算得到其自由空间衰减为 209.8dB。这是非常大的数值，可见在卫星系统中自由空间衰减是最主要的传输损耗。

从式(1.9)可以看出，自由空间衰减随频率升高而增加，天线的增益与频率有以下关系：

$$G = 10\lg\left(\frac{4\pi}{\lambda^2} A_{\text{eff}}\right) = 10\lg\left(\frac{4\pi}{c^2} f^2 A_{\text{eff}}\right) = 21.45 + 20\lg f + 10\lg A_{\text{eff}} \qquad (1.10)$$

式中：A_{eff} 为天线有效面积。

由式(1.10)可见，当天线有效面积不变时，天线增益随频率增加而提高，若收发两端天线有效面积都不变，由式(1.8)可得到总接收功率为

$$[P_r] = [P_t] + [G_t] + [G_r] - [L_0]$$
$$= [P_t] - 49.5 + 20\lg f - 20\lg d + 10\lg A_t + 10\lg A_r \qquad (1.11)$$

式中：A_T、A_R 分别为发射与接收天线有效面积。

1.3　卫星系统电波传播效应概述

尽管自由空间传播损耗是星地链路最重要的传播损耗，但其值对固定链路为一固定值，且随距离为固定关系，在系统设计中可以方便地进行预测。但当电波在卫星和地面之间传播时，高空电离层、低层大气和复杂的地表地物对电波产生复杂、随机的传播效应，这些效应如在卫星系统设计中不能得到充分的考虑，将直接影响卫星系统链路的可靠性，因此，在卫星系统设计中应将电波传播效应作为影响卫星链路环境适应性的关键因素进行考虑。

1.3.1　地球大气层

在地球引力作用下，大气的各种成分聚集在地球周围形成地球大气层，由于地球自转以及不同高度大气对太阳辐射吸收程度的差异，使得大气在水平方向比较均匀，而在垂直方向呈明显的层状分布，故可以按大气的热力性质、电离状况、大气组分等分成若干层次。最常用的分层法有以下几种：①按中性成分的热

力结构,把大气分成对流层、平流层、中间层和热层;②按大气的化学成分,把大气分为匀和层和非匀和层(也有的称为均质层和非均质层);③按大气的电磁特性,分为中性层、电离层和磁层;④按大气的压力结构,在高空 500km 以上直到 2000 ~ 3000km 的大气层称为外大气层或逸散层,由该层逐渐过渡到行星际空间,逸散层以下称为气压层。在电波传播研究中,一般将大气分为对流层、平流层、电离层和磁层,如图 1 -5 所示。对于常用频段的无线电波传播,影响最大的是大气的对流层和电离层,影响电波传播的大气环境也称为空间电波环境。其中,对流层是最接近地面的具有明显对流运动的大气层,一般地,赤道附近及热带对流层顶高为 15 ~ 20km,极地和中纬度带对流层顶高为 8 ~ 14km,对流层主要影响 3GHz 以上频段。电离层是地球大气的电离区域,通常指离地面60 ~ 1000km 的空间,电离层主要影响 3GHz 以下频段。

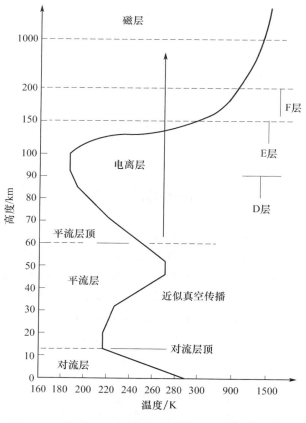

图 1 - 5 大气的分层结构示意图

1.3.2　电波传播效应

卫星系统的无线电波信号穿越整个大气层,对流层中的大气成分、分层结构和大气湍流,以及云、雪、雨、雾等气象现象,电离层的结构、空间变化,不均匀体等均对无线电波产生不同的传播效应和影响,卫星信号到达地球表面时,地(海)面反射、地形和地物散射、绕射和遮蔽等也会产生不同的传播效应和影响。表 1 - 3 给出了可对卫星系统性能产生影响的主要传播效应,并在后续章节中予以详细介绍。

表 1 - 3　卫星系统的主要传播效应

环境因素	对电波传播的影响机理	主要受影响的卫星通信频段
对流层	折射指数的中小尺度不均匀性所引起的闪烁效应,含接收信号的幅度、相位和到达角的快速变化,以及天线的有效增益降低	VHF/UHF/SHF/EHF
	氧气和水汽等气体分子对电波能量的吸收	UHF/ SHF/EHF
	水汽凝结物(雨、雪、云、雾等)对电波的吸收、散射所产生的衰减和去极化	UHF/SHF/EHF
电离层	电子浓度的大尺度的不均匀性引起的电离层折射效应,含群时延、色散、多普勒频移等	VHF/UHF/SHF
	电子浓度的小尺度不规则性引起的电离层闪烁,包括信号幅度、相位和到达角的随机起伏	VHF/UHF/ SHF
	地磁场引起的 Faraday 旋转效应,含极化损耗和交叉极化分辨力降低	VHF/UHF
	电子碰撞引起的电离层吸收	VHF
地(海)面	地(海)面反射引起的多径衰落和衰减	VHF/UHF/SHF/EHF
	地形地物引起的多径衰落、遮蔽衰减和绕射衰减	VHF/UHF/SHF/EHF

1.4　电波传播在卫星系统设计中的作用

由于大气环境的复杂多变,卫星信号受大气和地面的影响极其复杂,随地面用户所处区域不同,其受到电波传播的影响具有巨大差异。对于 3GHz 以下频段,电离层对电波造成的闪烁、时延和色散等传播效应是影响卫星系统性能的重要因素,但这种影响随经纬度具有显著的差异。例如,电离层闪烁经常发生在靠近磁赤道的低纬地区(我国南部区域),且主要发生在夜间,强电离层闪烁可造成 20dB 以上的信号闪烁衰落,导致系统链路的中断,但这种闪烁在我国北方区域发生的概率要小得多,即便发生,其闪烁的强度也小得多,对系统的影响很小。当卫星系统工作在10GHz以上频段时,气象环境成为影响10GHz以上频段电波传播的主要因素,而降雨的影响尤为严重,暴雨时甚至可引起高达数十分贝的信号衰减,导致卫星链路信号中断。由于我国地域辽阔,跨越不同的气候区,从高湿多雨的东南沿海地区到干旱少雨的西北边境,卫星系统电波传播特性差距巨大。对于卫星移动业务用户,除大气效应外,还需要考虑地(海)面反射引起的多径衰落效应、树木和建筑物遮蔽效应、建筑物穿透损耗等传播效应。

由上述可见,电波传播影响是科学规划与设计卫星系统的必要因素,直接影响卫星系统的可靠性,且具有显著的地域差异性。传播设计是保证卫星系统在不同应用条件下可靠运行的重要保障,是卫星系统环境适应性设计的重要组成部分,有助于合理分配卫星和地面应用系统资源,提高系统的性能,对卫星系统研制和应用系统建设具有重要的技术支撑作用。

图1-6给出了卫星系统设计中通用链路分析过程。

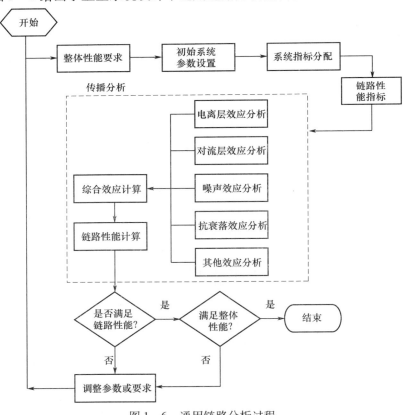

图1-6　通用链路分析过程

参考文献

［1］丹尼斯·罗迪．卫星通信．张更新，等译．北京：人民邮电出版社，2002.

［2］Maral G，Bousquet M．Satellite communications systems – systems，techniques and technology（3rd Edition）．U.S.：John Wiley & Sons，2010.

［3］Barclay edited L．Propagation of radiowaves（3rd Edition）．London：The Institution of Engineering and Technology，2013.

［4］赵振维．水凝物的电波传播特性与遥感研究．http://d.wanfangdata.com.cn/thesis/Y424844．西安：西安电子科技大学，2001.

［5］林乐科．对流层环境对地空传播特性影响研究．http://d.wanfangdata.com.cn/thesis/Y612399.北京：中国电子科学研究院，2004.

［6］盛裴轩，毛节泰，李建国．大气物理学．北京：北京大学出版社，2003.

［7］顾钧禧．大气科学辞典．北京：气象出版社，1994.

［8］谢益溪．无线电波传播原理与应用．北京：人民邮电出版社，2008.

［9］黄捷．电波大气折射误差修正．北京：国防工业出版社，1999.

［10］陈振国，杨鸿文，郭文彬．卫星通信系统与技术．北京：北京邮电大学出版社，2003.

［11］张乃通，张中兆，李英涛．卫星移动通信系统．北京：电子工业出版社，2000.

［12］刘芫健，吴韬，潘素娟，等．现代通信技术概论．北京：国防工业出版社，2010.

［13］刘国梁，荣昆璧．卫星通信．西安：西安电子科技大学出版社，1990.

第 2 章 对流层晴空传播效应

对流层对卫星系统电波传播的影响主要可分为晴空效应和水凝物效应,这两个效应影响着 3GHz 以上频段卫星系统性能的主要传播因素。晴空效应主要有大气随高度的变化和大气中的湍流结构对无线电波造成的折射、闪烁和散焦效应,以及大气中水汽和氧气等气体分子对无线电波造成的吸收衰减。水凝物效应主要是电波在与雨、雪、云和雾等水凝物相互作用时产生的散射、衰减和去极化等效应,这些效应是影响 Ku 以上频段卫星系统性能的关键因素。对流层传播与气象和气候条件密切相关。我国地域辽阔,跨越不同气候区。卫星系统的无线电信号在不同区域所受到的降雨、云和大气衰减差别巨大。因此,根据不同区域电波环境特性,可靠预测不同区域的电波传播特性,对卫星系统的可靠性设计、优化系统资源的分配和管理具有十分重要的应用价值。图 2-1 说明主要的对流层无线电气象参数与地空传播效应之间的关系。

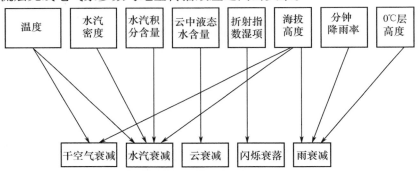

图 2-1 对流层无线电气象参数与地空传播效应关系示意图

2.1 大气折射效应

2.1.1 大气折射指数

无线电波在真空中的传播速度和在真实介质中的传播速度之比称为介质折射指数 n,对流层大气折射指数 n 用下式表示:

12

$$n = 1 + N \times 10^{-6} \tag{2.1}$$

式中：N 为大气折射率。N 可表示为折射率干项和湿项之和：

$$N = N_{dry} + N_{wet} = \frac{77.6}{T}\left(P + 4810 \times \frac{e}{T}\right) \text{（N 单位/km）} \tag{2.2}$$

式中：折射率干项，$N_{dry} = 77.6 \times \frac{P}{T}$；折射率湿项，$N_{wet} = 3.732 \times 10^5 \times \frac{e}{T^2}$；$P$ 为大气压强（hPa）；e 为水汽压（hPa）；T 为绝对温度（K）。水汽压 e 和相对湿度 H（%）的关系为

$$e = \frac{H e_s}{100} \tag{2.3}$$

$$e_s = EF \cdot a \cdot \exp\left[\frac{\left(b - \dfrac{t}{d}\right)t}{t + c}\right] \tag{2.4}$$

$EF_{water} = 1 + 10^{-4} \times \left[7.2 + P(0.0032 + 5.9 \times 10^{-7} \times t^2)\right]^{[1]}$；$EF_{ice} = 1 + 10^{-4} \times \left[2.2 + P(0.00382 + 6.4 \times 10^{-7} \times t^2)\right]$

式中：t 为温度（℃）；e_s 为温度为 t 时的饱和水汽压（hPa），系数 a、b、c 和 d 如表 2-1 所列。

表 2-1　在不同环境中参数 a、b、c 和 d 的取值

参数	水（-40 ~ +50℃）	冰（-80 ~ 0℃）
a	6.1121	6.1115
b	18.678	23.036
c	257.14	279.82
d	234.5	333.7

水汽压 e（hPa）也可由下式求得：

$$e = \frac{\rho T}{216.7} \tag{2.5}$$

式中：ρ 为水汽密度（g/m³）。

ITU-R 对全球范围 1000 多个地面气象站收集到的 5 年不同高度处的大气折射率进行了统计分析。结果表明：在海平面至 1km 高度之间，大气折射率随高度近似成线性关系，在整个对流层中，则基本服从负指数分布：

$$N_s = N_0 \exp(-h_s/h_0) \tag{2.6}$$

式中：N_s 为海拔高度 h_s 处的大气折射率；h_s 为海拔高度（km）；h_0 为标称高度（km）；N_0 为海平面高度处的大气折射率。在标准大气条件下：$N_0 = 315$，

$h_0 = 7.35\text{km}$。

2.1.2 电波射线弯曲与等效地球半径

大气折射指数随高度的梯度变化导致无线电波射线通过对流层大气时产生弯曲。由于折射指数主要随高度变化,且随高度按指数分布递减,因此在考虑射线弯曲时通常考虑折射指数的垂直梯度。此时,电波射线任意点的曲率可表示为

$$\frac{1}{\rho} = -\frac{\cos\varphi}{n} \cdot \frac{\mathrm{d}n}{\mathrm{d}h} \tag{2.7}$$

式中:ρ 为射线路径的曲率半径;n 为大气的折射指数;$\frac{\mathrm{d}n}{\mathrm{d}h}$ 为折射指数的垂直梯度;φ 为射线在该点的仰角。

当射线向地球表面弯曲时,即折射指数随高度减小时,电波射线的曲率为正值,在无线电波频段,这一弯曲效应与频率无关。当传播路径接近水平方向时,φ 则接近零度,且 n 非常接近1,式(2.7)可以进一步简化为

$$\frac{1}{\rho} = -\frac{\mathrm{d}n}{\mathrm{d}h} \tag{2.8}$$

由式(2.8)可以看出若折射梯度为常数,则传播轨迹为圆弧。此时,如果大气折射指数的分布为水平均匀分布,可通过把地球等效成半径为 $R_e = ka$ 的等效地球,使得传播可以看作为直线传播,等效地球半径与真实地球半径之间的关系为

$$\frac{1}{ka} = \frac{1}{a} + \frac{\mathrm{d}n}{\mathrm{d}h} = \frac{1}{R_e} \tag{2.9}$$

式中:a 为实际地球半径(km);k 为等效地球半径因子。

通过等效地球半径的方法,不论传播射线的仰角如何,传播射线轨迹都可看作为直线。严格地说,只有在传播路径为水平时,折射梯度才能看作为常数。实际上,当高度低于1km时,折射指数剖面可以用线性模型来近似。在标准大气情况下:$\frac{\mathrm{d}N}{\mathrm{d}h} = -39$(N 单位/km),等效地球半径因子 $k = 4/3$,等效地球半径 $R_e = 8500\text{km}$。

2.1.3 卫星视在仰角

在实际应用中,由于大气折射效应,从地面站发出的无线电波向地球方向弯曲,卫星的视在仰角不同于在自由空间传播时的真实仰角,此时由大气折射造成的仰角误差 $\tau(h, \theta)$ 可由下式确定:

$$\tau(h,\theta) = -\int_h^\infty \frac{n'(x)}{n(x)\tan\varphi}\mathrm{d}x \tag{2.10}$$

式中:φ 根据极坐标系中的 Snell 定律由下式确定:

$$\cos\varphi = \frac{(r+h)n(h)\cos\theta}{(r+x)n(x)} \tag{2.11}$$

式中:h 为地面站海拔高度(km);r 为地球半径(通常取 6370km);x 为式(2.10)中的积分变量(km);θ 为仰角(°);$n(x)$ 和 $n(h)$ 分别为海拔高度为 x 和 h 处的折射指数。

ITU – R 给出了参考大气条件下确定 $\tau(h,\theta)$ 的近似方法如下:

$$\tau(h,\theta) = \frac{1}{[1.314+0.6437\theta+0.02869\theta^2+h(0.2305+0.09428\theta+0.01096\theta^2)+0.008583h^2]} \tag{2.12}$$

上式是在 $0\leqslant h\leqslant 3\mathrm{km}$ 和 $\theta_m\leqslant\theta\leqslant 10°$ 的情况下得到的,但其在 $10°\leqslant\theta\leqslant 90°$ 的情况下也可得到很好的近似结果。θ_m 是电波射线刚好与地球表面相切时的角度。θ_m 可由下式求出:

$$\theta_m = -\arccos\left(\frac{r}{r+h}\cdot\frac{n(0)}{n(h)}\right) \tag{2.13}$$

θ_m 也可近似地用 $\theta_m=-0.875\sqrt{h}$ 求出。

假设在自由空间传播条件下,卫星的仰角为 θ_0,且地面站的最小仰角为 θ_m,与 θ_m 相对应的角度修正量为 $\tau(h,\theta_m)$。只有在以下不等式成立时,该卫星才在地面站的可视范围内:

$$\theta_m-\tau(h,\theta_m)\leqslant\theta_0 \tag{2.14}$$

当卫星在地面站的可视范围时,可利用下式确定考虑大气折射后的视在仰角:

$$\theta-\tau(h,\theta)=\theta_0 \tag{2.15}$$

此时,视在仰角也可由下式直接求出:

$$\theta = \theta_0+\tau_s(h,\theta_0) \tag{2.16}$$

式中:$\tau_s(h,\theta_0)$ 是 θ_0 的函数。

$$\begin{aligned}\tau_s(h,\theta_0) = 1/[&1.728+0.5411\theta_0+0.03723\theta_0^2+h(0.1815+0.06272\theta_0\\&+0.0138\theta_0^2)+h^2(0.01727+0.008288\theta_0)]\end{aligned} \tag{2.17}$$

表 2 – 2 给出了通过雷达、无线电高度计和射电天文测量得到的电波穿过大气层传播时,平均角度折射误差量和随机起伏值。

表 2 - 2　电波穿过大气层传播时的角度偏移值

俯仰角/(°)	平均角度折射误差 $\Delta\theta$/(°)			
	极地大陆性气候区	温带大陆性气候区	温带海洋性气候区	热带海洋性气候区
1	—	—	—	
2	0.45	0.36	0.38	0.65
4	0.32	0.25	0.26	0.47
10	0.21	0.11	0.12	0.27
20	0.10	0.05	0.06	0.14
30		0.03	0.04	
俯仰角/(°)	$\Delta\theta$ 每天的起伏			
1	0.1（均方根值）			
10	0.007（均方根值）			

2.1.4　大气的聚焦和散焦效应

受大气的影响天线波束内不同仰角的电波折射程度不同,导致天线波束变宽或变窄,从而导致天线增益的改变,并影响信号的接收电平,但是这一影响在仰角大于3°时可以忽略不计。下式可以用于计算大气的聚焦和散焦损耗或增益:

$$b = \pm \lg B \tag{2.18}$$

其中:

$$B = 1 - [0.5411 + 0.0744\theta_0 + h(0.06272 + 0.0276\theta_0) + 0.08288h^2]/[1.728$$
$$+ 0.5411\theta_0 + 0.0372\theta_0^2 + h(0.1815 + 0.06272\theta_0 + 0.0138\theta_0^2)$$
$$+ h^2(0.01727 + 0.00828\theta_0)]^2$$

式中:θ_0 为收、发端之间的仰角(°),$\theta_0 < 10°$;h 为靠近地面的发射站或接收站海拔高度($h < 3\text{km}$);b 为相对于自由空间传播波的信号电平变化(dB),如果发射站位于地球表面附近,则公式中的符号为负 " - ",当卫星为发射源时,则其为正 " + "。

2.1.5　距离折射误差

因为对流层折射指数大于1并随高度变化,导致电波传播速度小于自由空间光速,由于大气折射效应使传播射线弯曲,因此在地面站和卫星之间无线电路径长度超过其几何路径长度。这一距离差可由以下积分求得:

$$\Delta L = \int_A^B (n-1)\,\mathrm{d}s \tag{2.19}$$

式中:s 为传播路径长度;n 为折射指数;A 和 B 为路径端点。

当已知地球表面上的温度、大气压强和相对温度时,可以用以下半经验公式来计算距离折射误差:

$$\Delta L = \frac{\Delta L_V}{\sin\phi_0 (1 + k\cot^2\phi_0)^{1/2}} + \delta(\phi_0, \Delta L_V) \tag{2.20}$$

式中:ϕ_0 为观察点的仰角;ΔL_V 为垂直路径距离折射误差;k 和 $\delta(\phi_0, \Delta L_V)$ 为用指数大气模型计算中的修正项。

需要说明的是:$\delta(\phi_0, \Delta L_V)$ 项表示射线折射弯曲效应,除了当仰角很小的情况以外,这一项的数值总是很小的,通常可以忽略。例如,当仰角为 $10°$ 时,误差仅 $3.5\mathrm{cm}$,而仰角为 $45°$ 时,误差仅 $0.1\mathrm{mm}$,但当仰角小于 $5°$ 时,该项通常不能忽略。垂直距离误差由下式确定:

$$\Delta L_V = 0.00227P + f(T)H$$

式中:P 为地面大气压(hPa);$f(T)$ 为地面温度的函数。$f(T)$ 与地理位置有关,其可由下式确定:

$$f(T) = a_1 \times 10^{b_1 T}$$

式中:T 为温度($℃$);系数 a_1 和 b_1 的取值与地理位置有关,如表 2-3 所列。

表 2-3　系数 a_1 和 b_1 的选取

地理位置	a_1	b_1
沿海地区(岛屿或离海岸线不到 10km 的地区)	5.5×10^{-4}	2.91×10^{-2}
赤道内陆地区	6.5×10^{-4}	2.73×10^{-2}
其他区域	7.3×10^{-4}	2.35×10^{-2}

假设大气折射率 N 随高度 h 的变化为指数分布:

$$N(h) = N_s \exp\left(-\frac{h}{h_0}\right)$$

式中:N_s 为地球表面折射率的平均值;h_0 下式得

$$h_0 = 10^6 \times \frac{\Delta L_V}{N_s}$$

则 k 可按下式求得

$$k = 1 - \left[\frac{n_s r_s}{n(h_0) r(h_0)}\right]$$

式中:n_s 和 $n(h_0)$ 分别为在地球表面处和在高度 h_0 处的折射指数的值;r 和 $r(h_0)$ 分别为地面和高度 h_0 处距地球中心的距离。

2.2 大气吸收衰减

在电波的作用下,气体分子从一种能级状态跃迁到另一种能级状态,此时,气体分子便吸收电波的能量,导致无线电波信号强度的衰减。对流层中的氧气和水汽是无线电波的主要吸收体,其导致的大气吸收衰减通常随频率而增高,并伴有大量谐振吸收频率。在 350GHz 以下频段,氧气在约 60GHz 附近具有一系列的吸收谱线,形成氧气吸收带,并在 118.74GHz 有孤立的吸收线。水汽吸收线位于 22.3GHz、183.3GHz 和 323.8GHz。大气吸收具有压力展宽效应,即大气吸收的谱线宽度随气压的增加而展宽,在地面标准大气压强值 1013mbar 时,吸收谱线的宽度为 1~3MHz,而当高度为 30km 的高空时,大气压强仅为 13mbar 左右,此时吸收谱线的宽度显著减小到几十千赫。在 50~70GHz 频带内存在数十条氧气吸收谱线,由于大气压强随海拔高度的升高而减小,因此,在近地面时,吸收谱线的宽度远大于吸收谱线的间隔,吸收谱线宽度相互重叠,形成连续的氧气吸收带。而在高空时,由于吸收谱线的宽度远小于吸收谱线的间隔,此时在低空连续的氧气吸收带变为许多独立的吸收谱线。

2.2.1 大气衰减的逐线积分计算方法

1. 大气衰减率的逐线积分计算方法

大气衰减可通过逐线累加氧气和水汽的谐振吸收谱线,同时考虑 10GHz 以下氧气的非谐振的 Debye 吸收谱、100GHz 以上主要由大气压力造成的氮气衰减和试验中发现的附加连续水汽吸收,利用大气温度、相对湿度和压力参数可精确计算大气衰减率(特征衰减),大气衰减率 γ 的计算方法为

$$\gamma = \gamma_o + \gamma_w = 0.1820fN''(f) \tag{2.21}$$

式中:γ_o 为干空气的衰减率(包括氧气、大气压力造成的氮气和非谐振 Debye 衰减)(dB/km);γ_w 为水汽的衰减率(dB/km);f 为频率(GHz)。

$N''(f)$ 为与频率相关的复折射指数虚部,即:

$$N''(f) = \sum_i S_i F_i + N''_D(f) \tag{2.22}$$

式中:S_i 为第 i 条吸收谱线的强度;F_i 为第 i 条吸收谱线形状因子。

式(2.22)为对所有谱线求和。$N''_D(f)$ 为包括大气压力造成的氮气吸收和

Debye 吸收谱的连续吸收谱对折射指数虚部的贡献。

$$S_i = \begin{cases} a_1 \times 10^{-7} P(300/T)^3 \exp[a_2(1-300/T)] & (氧气) \\ b_1 \times 10^{-1} e(300/T)^{3.5} \exp[b_2(1-300/T)] & (水汽) \end{cases} \quad (2.23)$$

式中：P 为干燥空气压力（hPa）；e 为水汽压力（hPa）；总大气压力 $P_{tot} = P + e$。T 为温度（K）。水汽压力 e 可通过水汽密度 ρ 计算得到：

$$e = \frac{\rho T}{216.7} \quad (2.24)$$

在计算大气衰减率时，应尽可能使用当地实测的 P、e 和 T 的剖面数据，在缺少当地的测量资料时，可采用参考标准大气数据。

第 i 条吸收谱线形状因子 F_i 为

$$F_i = \frac{f}{f_i}\left[\frac{\Delta f - \delta(f_i - f)}{(f_i - f)^2 + \Delta f^2} + \frac{\Delta f - \delta(f_i + f)}{(f_i + f)^2 + \Delta f^2}\right] \quad (2.25)$$

式中：f_i 为吸收谱线的频率；Δf 为吸收谱线的宽度，可表示为

$$\Delta f = \begin{cases} a_3 \times 10^{-4}(P\theta^{(0.8-a_4)} + 1.1e\theta) & (氧气) \\ b_3 \times 10^{-4}(P\theta^{b_4} + b_5 e\theta^{b_6}) & (水汽) \end{cases} \quad (2.26)$$

由于多普勒展宽效应，谱线宽度 Δf 需进一步修正为

$$\Delta f = \begin{cases} \sqrt{\Delta f^2 + 2.25 \times 10^{-6}} & (氧气) \\ 0.535\Delta f + \sqrt{0.217\Delta f^2 + \dfrac{2.1316 \times 10^{-12} f_i^2}{\theta}} & (水汽) \end{cases} \quad (2.27)$$

$$\delta = \begin{cases} (a_5 + a_6\theta) \times 10^{-4}(P+e)\theta^{0.8} & (氧气) \\ 0 & (水汽) \end{cases} \quad (2.28)$$

表 2-4 给出了氧气衰减的谱线数据，表 2-5 给出了水汽衰减的谱线数值。

表 2-4　氧气衰减的谱线数据[2]

f_i	a_1	a_2	a_3	a_4	a_5	a_6
50.474214	0.975	9.651	6.690	0.0	2.566	6.850
50.987745	2.529	8.653	7.170	0.0	2.246	6.800
51.503360	6.193	7.709	7.640	0.0	1.947	6.729
52.021429	14.320	6.819	8.110	0.0	1.667	6.640

（续）

f_i	a_1	a_2	a_3	a_4	a_5	a_6
52.542418	31.240	5.983	8.580	0.0	1.388	6.526
53.066934	64.290	5.201	9.060	0.0	1.349	6.206
53.595775	124.600	4.474	9.550	0.0	2.227	5.085
54.130025	227.300	3.800	9.960	0.0	3.170	3.750
54.671180	389.700	3.182	10.370	0.0	3.558	2.654
55.221384	627.100	2.618	10.890	0.0	2.560	2.952
55.783815	945.300	2.109	11.340	0.0	−1.172	6.135
56.264774	543.400	0.014	17.030	0.0	3.525	−0.978
56.363399	1331.800	1.654	11.890	0.0	−2.378	6.547
56.968211	1746.600	1.255	12.230	0.0	−3.545	6.451
57.612486	2120.100	0.910	12.620	0.0	−5.416	6.056
58.323877	2363.700	0.621	12.950	0.0	−1.932	0.436
58.446588	1442.100	0.083	14.910	0.0	6.768	−1.273
59.164204	2379.900	0.387	13.530	0.0	−6.561	2.309
59.590983	2090.700	0.207	14.080	0.0	6.957	−0.776
60.306056	2103.400	0.207	14.150	0.0	−6.395	0.699
60.434778	2438.000	0.386	13.390	0.0	6.342	−2.825
61.150562	2479.500	0.621	12.920	0.0	1.014	−0.584
61.800158	2275.900	0.910	12.630	0.0	5.014	−6.619
62.411220	1915.400	1.255	12.170	0.0	3.029	−6.759
62.486253	1503.000	0.083	15.130	0.0	−4.499	0.844
62.997984	1490.200	1.654	11.740	0.0	1.856	−6.675
63.568526	1078.000	2.108	11.340	0.0	0.658	−6.139
64.127775	728.700	2.617	10.880	0.0	−3.036	−2.895
64.678910	461.300	3.181	10.380	0.0	−3.968	−2.590
65.224078	274.000	3.800	9.960	0.0	−3.528	−3.680
65.764779	153.000	4.473	9.550	0.0	−2.548	−5.002
66.302096	80.400	5.200	9.060	0.0	−1.660	−6.091
66.836834	39.800	5.982	8.580	0.0	−1.680	−6.393
67.369601	18.560	6.818	8.110	0.0	−1.956	−6.475
67.900868	8.172	7.708	7.640	0.0	−2.216	−6.545

（续）

f_i	a_1	a_2	a_3	a_4	a_5	a_6
68.431006	3.397	8.652	7.170	0.0	−2.492	−6.600
68.960312	1.334	9.650	6.690	0.0	−2.773	−6.650
118.750334	940.300	0.010	16.640	0.0	−0.439	0.079
368.498246	67.400	0.048	16.400	0.0	0.0	0.0
424.763020	637.700	0.044	16.400	0.0	0.000	0.000
487.249273	237.400	0.049	16.000	0.0	0.000	0.000
715.392902	98.100	0.145	16.000	0.0	0.000	0.000
773.839490	572.300	0.141	16.200	0.0	0.000	0.000
834.145546	183.100	0.145	14.700	0.0	0.000	0.000

表 2-5　水汽衰减的谱线数据[2]

f_i	b_1	b_2	b_3	b_4	b_5	b_6
22.235080	0.1130	2.143	28.11	0.69	4.800	1.00
67.803960	0.0012	8.735	28.58	0.69	4.930	0.82
119.995940	0.0008	8.356	29.48	0.70	4.780	0.79
183.310091	2.4200	0.668	30.50	0.64	5.300	0.85
321.225644	0.0483	6.181	23.03	0.67	4.690	0.54
325.152919	1.4990	1.540	27.83	0.68	4.850	0.74
336.222601	0.0011	9.829	26.93	0.69	4.740	0.61
380.197372	11.5200	1.048	28.73	0.54	5.380	0.89
390.134508	0.0046	7.350	21.52	0.63	4.810	0.55
437.346667	0.0650	5.050	18.45	0.60	4.230	0.48
439.150812	0.9218	3.596	21.00	0.63	4.290	0.52
443.018295	0.1976	5.050	18.60	0.60	4.230	0.50
448.001075	10.3200	1.405	26.32	0.66	4.840	0.67
470.888947	0.3297	3.599	21.52	0.66	4.570	0.65
474.689127	1.2620	2.381	23.55	0.65	4.650	0.64
488.491133	0.2520	2.853	26.02	0.69	5.040	0.72
503.568532	0.0390	6.733	16.12	0.61	3.980	0.43
504.482692	0.0130	6.733	16.12	0.61	4.010	0.45
547.676440	9.7010	0.114	26.00	0.70	4.500	1.00
552.020960	14.7700	0.114	26.00	0.70	4.500	1.00

（续）

f_i	b_1	b_2	b_3	b_4	b_5	b_6
556.936002	487.4000	0.159	32.10	0.69	4.110	1.00
620.700807	5.0120	2.200	24.38	0.71	4.680	0.68
645.866155	0.0713	8.580	18.00	0.60	4.000	0.50
658.005280	0.3022	7.820	32.10	0.69	4.140	1.00
752.033227	239.6000	0.396	30.60	0.68	4.090	0.84
841.053973	0.0140	8.180	15.90	0.33	5.760	0.45
859.962313	0.1472	7.989	30.60	0.68	4.090	0.84
899.306675	0.0605	7.917	29.85	0.68	4.530	0.90
902.616173	0.0426	8.432	28.65	0.70	5.100	0.95
899.306675	0.0605	7.917	29.85	0.68	4.530	0.90
902.616173	0.0426	8.432	28.65	0.70	5.100	0.95
906.207325	0.1876	5.111	24.08	0.70	4.700	0.53
916.171582	8.3400	1.442	26.70	0.70	4.780	0.78
923.118427	0.0869	10.220	29.00	0.70	5.000	0.80
970.315022	8.9720	1.920	25.50	0.64	4.940	0.67
987.926764	132.1000	0.258	29.85	0.68	4.550	0.90
1780.0000	22300.00	0.952	176.20	0.50	30.500	5.00

由大气压力造成的氮气吸收和 Debye 吸收形成的干空气连续吸收为

$$N''_D(f) = fP\theta^2 \left[\frac{6.14 \times 10^{-5}}{d\left(1 + \left(\frac{f}{d}\right)^2\right)} + \frac{1.4 \times 10^{-12} P\theta^{1.5}}{1 + 1.9 \times 10^{-5} f^{1.5}} \right] \qquad (2.29)$$

式中：d 为 Debye 吸收谱中的宽度系数，有

$$d = 5.6 \times 10^{-4} P\theta^{0.8} \qquad (2.30)$$

图 2-2 给出了在标准大气（海平面气压 1013hPa、温度 15℃、水汽密度为 7.5g/m³）下，海平面大气的衰减率和干空气的衰减率。

图 2-3 给出了不同海拔高度上 60GHz 氧气吸收带附近大气衰减率。从图中可以看出，由于压力展宽效应，在海平面上众多氧气吸收谱线合并形成一个连续的吸收带，而在更高的海拔高度上，由于氧气吸收谱线宽度变窄，不同的单一吸收谱线清晰可见。

2. 地空斜路径大气衰减的积分计算方法

卫星系统的传播路径穿越大气层，在不同高度上大气衰减率不同。通过对

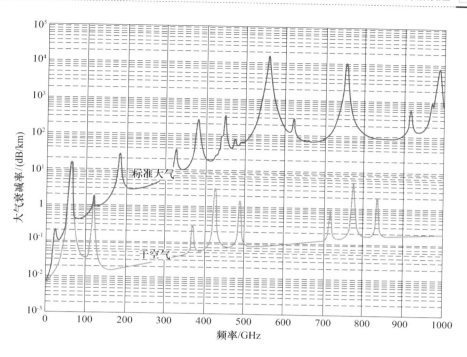

图 2-2　标准大气和干空气的衰减率[2]

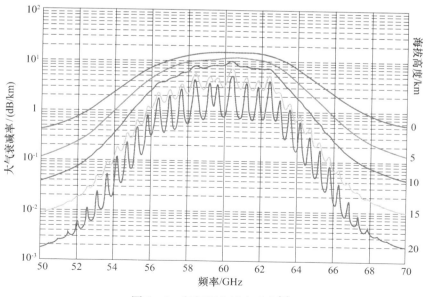

图 2-3　氧气吸收峰衰减率[2]

上述逐线积分方法得到的大气衰减率进行路径积分,可得到电波穿越大气层时斜路径总的大气衰减。当地球站海拔高度为 h,卫星仰角为 θ 时,星地链路大气衰减 $A(h,\theta)$ 的计算公式如下:

$$A(h,\theta) = \int_h^\infty \frac{\gamma(H)}{\sin\varphi}\mathrm{d}H \qquad (2.31)$$

式中: φ 的计算公式见式(2.11)。

图 2-4 给出了天顶方向标准大气和干空气衰减,频率间隔为 1GHz,垂直积分步长为 1km。

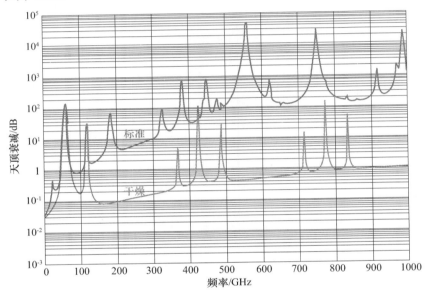

图 2-4　天顶方向标准大气和干空气衰减[1]

可以采用数值算法替代积分公式计算斜路径大气衰减,此时将地球大气按不同厚度进行分层,并考虑每一层大气折射导致的射线弯曲。如图 2-5 所示,a_n 为电磁波在第 n 层内穿越的长度,δ_n 为第 n 层的厚度,n_n 为第 n 层的折射率,r_n 为从地球中心到第 n 层底部的距离,α_n 和 β_n 为第 n 层的入射和出射角。路径上的大气衰减的计算公式如下:

$$A_{\mathrm{gas}} = \sum_{n=1}^k a_n\gamma_n \qquad (2.32)$$

式中: γ_n 为通过式(2.21)计算得到的第 n 层大气衰减率; k 为分层的层数。考虑大气垂直不均匀性与海拔高度的关系,第 n 层的厚度 δ_n(km)的计算公式如下:

$$\delta_n = 0.0001\exp\left(\frac{n-1}{100}\right) \tag{2.33}$$

即越靠近地面分层越精细,第 1 层的厚度为 10cm。对于星地链路,建议一般情况下计算至海拔 30km 高度,对于氧气吸收中心频率,则建议计算至海拔 100km 高度。a_n 的计算公式如下:

$$a_n = -r_n\cos\beta_n + \frac{1}{2}\sqrt{4r_n^2\cos^2\beta_n + 8r_n\delta_n + 4\delta_n^2} \tag{2.34}$$

α_n 的计算公式如下:

$$\alpha_n = \pi - \arccos\left(\frac{-a_n^2 - 2r_n\delta_n - \delta_n^2}{2a_n r_n + 2a_n\delta_n}\right) \tag{2.35}$$

β_{n+1} 的计算公式如下:

$$\beta_{n+1} = \arcsin\left(\frac{n_n}{n_{n+1}}\sin\alpha_n\right) \tag{2.36}$$

$$\beta_1 = 90° - \theta$$

式中:θ 为地面站对卫星的仰角。

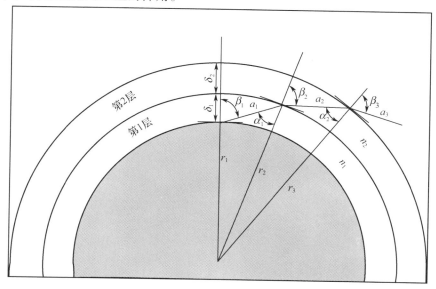

图 2-5 大气衰减计算的分层示意图[2]

2.2.2 大气衰减的简化计算方法

1. 大气衰减率的简化模式

大气衰减率的逐线计算方法过程复杂,不便于工程应用。为此,中国电波传播研究所的张明高院士提出了一种计算大气衰减率的简化模式，并被 ITU - R 采纳。该简化模式可用于计算从海平面到海拔 10 km 高度范围内，频率不超过 350GHz 的大气衰减率。该方法是基于逐线计算结果拟合得到的，计算误差一般不超过 0.1dB/km，在 60GHz 氧气吸收带内最大误差为 0.7dB/km。当超过 10km 高度时，由于大气衰减率值较小，需采用逐线计算的方法以确保计算精度。以下为大气衰减简化模式的计算过程。

干空气的衰减率 γ_o(dB/km)计算如下：

当频率$f \leqslant 54$GHz 时，有

$$\gamma_o = \left[\frac{7.2r_t^{2.8}}{f^2 + 0.34r_p^2 r_t^{1.6}} + \frac{0.62\xi_3}{(54 - f)^{1.16\xi_1} + 0.83\xi_2}\right] f^2 r_p^2 \times 10^{-3} \tag{2.37}$$

当 54GHz $< f \leqslant$ 60GHz 时，有

$$\gamma_o = \exp\left[\frac{\ln\gamma_{54}}{24}(f-58)(f-60) - \frac{\ln\gamma_{58}}{8}(f-54)(f-60) + \frac{\ln\gamma_{60}}{12}(f-54)(f-58)\right] \tag{2.38}$$

当 60GHz $< f \leqslant$ 62GHz 时，有

$$\gamma_o = \gamma_{60} + (\gamma_{62} - \gamma_{60})\frac{f-60}{2} \tag{2.39}$$

当 62GHz $< f \leqslant$ 66GHz 时，有

$$\gamma_o = \exp\left[\frac{\ln\gamma_{62}}{8}(f-64)(f-66) - \frac{\ln\gamma_{64}}{4}(f-62)(f-66) + \frac{\ln\gamma_{66}}{8}(f-62)(f-64)\right] \tag{2.40}$$

当 66GHz $< f \leqslant$ 120GHz 时，有

$$\gamma_o = \left\{3.02 \times 10^{-4} r_t^{3.5} + \frac{0.283r_t^{3.8}}{(f-118.75)^2 + 2.91r_p^2 r_t^{1.6}} + \frac{0.502\xi_6[1 - 0.0163\xi_7(f-66)]}{(f-66)^{1.4346\xi_4} + 1.15\xi_5}\right\} f^2 r_p^2 \times 10^{-3} \tag{2.41}$$

当 120GHz $< f \leqslant$ 350GHz 时，有

$$\gamma_o = \left[\frac{3.02 \times 10^{-4}}{1 + 1.9 \times 10^{-5} f^{1.5}} + \frac{0.283r_t^{0.3}}{(f-118.75)^2 + 2.91r_p^2 r_t^{1.6}}\right] f^2 r_p^2 r_t^{3.5} \times 10^{-3} + \delta \tag{2.42}$$

其中

$$\xi_1 = \varphi(r_p, r_t, 0.0717, -1.8132, 0.0156, -1.6515)$$

$$\xi_2 = \varphi(r_p, r_t, 0.5146, -4.6368, -0.1921, -5.7416)$$

$$\xi_3 = \varphi(r_p, r_t, 0.3414, -6.5851, 0.2130, -8.5854)$$

$$\xi_4 = \varphi(r_p, r_t, 0.0112, 0.0092, -0.1033, -0.0009)$$

$$\xi_5 = \varphi(r_p, r_t, 0.2705, -2.7192, -0.3016, -4.1033)$$

$$\xi_6 = \varphi(r_p, r_t, 0.2445, -5.9191, 0.0422, -8.0719)$$

$$\xi_7 = \varphi(r_p, r_t, -0.1833, 6.5589, -0.2402, 6.131)$$

$$\gamma_{54} = 2.192\varphi(r_p, r_t, 1.8286, -1.9487, 0.4051, -2.8509)$$

$$\gamma_{58} = 12.59\varphi(r_p, r_t, 1.0045, 3.5610, 0.1588, 1.2834)$$

$$\gamma_{60} = 15\varphi(r_p, r_t, 0.9003, 4.1335, 0.0427, 1.6088)$$

$$\gamma_{62} = 14.28\varphi(r_p, r_t, 0.9886, 3.4176, 0.1827, 1.3429)$$

$$\gamma_{64} = 6.819\varphi(r_p, r_t, 1.4320, 0.6258, 0.3177, -0.5914)$$

$$\gamma_{66} = 1.908\varphi(r_p, r_t, 2.0717, -4.1404, 0.4910, -4.8718)$$

$$\delta = -0.00306\varphi(r_p, r_t, 3.211, -14.94, 1.583, -16.37)$$

$$\varphi(r_p, r_t, a, b, c, d) = r_p^a r_t^b \exp[c(1 - r_p) + d(1 - r_t)]$$

式中: f 为频率(GHz); $r_p = p/1013$; $r_t = 288/(273 + t)$; p 为压强(hPa); t 为温度(℃)。

水汽衰减率 γ_w(dB/km)的计算公式如下:

$$
\begin{aligned}
\gamma_w = \Bigg\{ &\frac{3.98\eta_1 \exp[2.23(1 - r_t)]}{(f - 22.235)^2 + 9.42\eta_1^2} g(f, 22) + \frac{11.96\eta_1 \exp[0.7(1 - r_t)]}{(f - 183.31)^2 + 11.14\eta_1^2} \\
&+ \frac{0.081\eta_1 \exp[6.44(1 - r_t)]}{(f - 321.226)^2 + 6.29\eta_1^2} + \frac{3.66\eta_1 \exp[1.6(1 - r_t)]}{(f - 325.153)^2 + 9.22\eta_1^2} \\
&+ \frac{25.37\eta_1 \exp[1.09(1 - r_t)]}{(f - 380)^2} + \frac{17.4\eta_1 \exp[1.46(1 - r_t)]}{(f - 448)^2} \\
&+ \frac{844.6\eta_1 \exp[0.17(1 - r_t)]}{(f - 557)^2} g(f, 557) \\
&+ \frac{290\eta_1 \exp[0.41(1 - r_t)]}{(f - 752)^2} g(f, 752) \\
&+ \frac{8.3328 \times 10^4 \eta_2 \exp[0.99(1 - r_t)]}{(f - 1780)^2} g(f, 1780) \Bigg\} f^2 r_t^{2.5} \rho \times 10^{-4}
\end{aligned}
\quad (2.43)
$$

式中: $\eta_1 = 0.955 r_p r_t^{0.68} + 0.006\rho$; $\eta_2 = 0.735 r_p r_t^{0.5} + 0.0353 r_t^4 \rho$; $g(f, f_i) = 1 + \left(\frac{f - f_i}{f + f_i}\right)^2$。

2. 地空斜路径大气衰减的简化计算方法

大气吸收衰减可以利用水汽等效高度和氧气等效高度简化计算,该方法适用于仰角在 5°~90°之间且海拔高度在 10km 以内的情况。

基于地表气象数据的地空斜路径大气吸收衰减简化计算公式如下:

$$A = \frac{A_0 + A_w}{\sin\theta} = \frac{h_0\gamma_0 + h_w\gamma_w}{\sin\theta} \tag{2.44}$$

式中:θ 为仰角(°);γ_o 为氧气衰减率(dB/km);γ_w 为水汽衰减率(dB/km);h_o 为氧气等效高度(km);h_w 为水汽等效高度(km);$A_0 = h_0\gamma_0$ 为天顶方向氧气衰减(dB);$A_w = h_w\gamma_w$ 为天顶方向水汽衰减(dB)。

h_o 的计算公式如下:

$$h_o = \frac{6.1}{1 + 0.17r_p^{-1.1}}(1 + t_1 + t_2 + t_3) \tag{2.45}$$

其中

$$t_1 = \frac{4.64}{1 + 0.066r_p^{-2.3}}\exp\left[-\left(\frac{f - 59.7}{2.87 + 12.4\exp(-7.9r_p)}\right)^2\right]$$

$$t_2 = \frac{0.14\exp(2.12r_p)}{(f - 118.75)^2 + 0.031\exp(2.2r_p)}$$

$$t_3 = \frac{0.0114}{1 + 0.14r_p^{-2.6}}f\frac{-0.0247 + 0.0001f + 1.61 \times 10^{-6}f^2}{1 - 0.0169f + 4.1 \times 10^{-5}f^2 + 3.2 \times 10^{-7}f^3}$$

式(2.45)需满足约束条件:$f < 70\text{GHz}$ 时,$h_o \leq 10.7r_p^{0.3}$。

h_w 的计算公式如下:

$$h_w = 1.66\left(1 + \frac{1.39\sigma_w}{(f - 22.235)^2 + 2.56\sigma_w} + \frac{3.37\sigma_w}{(f - 183.31)^2 + 4.69\sigma_w}\right.$$
$$\left. + \frac{1.58\sigma_w}{(f - 325.1)^2 + 2.89\sigma_w}\right) \tag{2.46}$$

$$\sigma_w = \frac{1.013}{1 + \exp[-8.6(r_p - 0.57)]}$$

基于天顶方向积分水汽含量累计分布的地空斜路径大气衰减累计分布的计算公式如下:

$$A_{\text{gas}}(p) = \frac{A_0 + A_w(p)}{\sin\theta} \tag{2.47}$$

式中:$A_{\text{gas}}(p)$ 为 $p\%$ 时间概率被超过的大气衰减;$A_w(p)$ 为 $p\%$ 时间概率被超过的天顶方向水汽衰减,计算公式如下:

$$A_w(p) = \frac{0.0173 V_t(p) \gamma_w(f, P_{\mathrm{ref}}, \rho_{\mathrm{ref}}, t_{\mathrm{ref}})}{\gamma_w(f_{\mathrm{ref}}, P_{\mathrm{ref}}, \rho_{\mathrm{ref}}, t_{\mathrm{ref}})} \qquad (2.48)$$

式中:f 为频率(GHz);$f_{\mathrm{ref}} = 20.6$(GHz);$P_{\mathrm{ref}} = 780$(hPa);$V_t(p)$ 为 $p\%$ 时间概率被超过的积分水汽含量;$\gamma_w(f, P_{\mathrm{ref}}, \rho_{\mathrm{ref}}, t_{\mathrm{ref}})$ 可由式(2.43)计算得到;ρ_{ref}(g/m³)和 t_{ref}(℃)的计算公式如下:

$$\rho_{\mathrm{ref}} = \frac{V_t(p)}{4}$$

$$t_{\mathrm{ref}} = 14\ln\left(\frac{0.22 V_t(p)}{4}\right) + 3$$

2.3　对流层闪烁和多径衰落

对流层折射指数随海拔高度有规律的减小会对无线电波产生折射效应,导致无线电波射线弯曲,而折射指数的小尺度不规则变化则会导致电磁波幅度和相位的快速起伏,即对流层闪烁效应。图 2-6 给出一次对流层闪烁事件的实测结果。对流层闪烁效应与系统工作频率和仰角关系密切。当仰角大于 5°,工作频率小于 10GHz 时,对流层闪烁对卫星系统的影响较小;但当仰角小于 5°,工作频率大于 10GHz 时,对流层闪烁会导致系统性能的严重恶化。

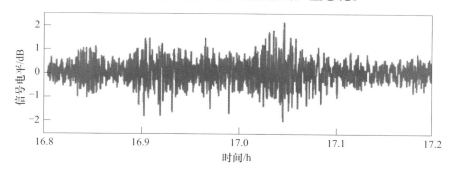

图 2-6　对流层闪烁实测结果

研究表明对流层闪烁的幅度与大气折射指数变化的幅度和结构有关,与系统工作频率、电波穿过对流层长度以及天线波束宽度等成正比。大量实验数据表明在中纬度地区,由于气象环境具有显著的季节变化,闪烁也具有明显的季节变化特征,强闪烁一般发生在夏季。闪烁也有明显的日变化特征,但日变化要小于季节变化。此外,闪烁起伏的月平均均方根与折射指数湿项有很好的相关性,折射指数湿项则取决于大气的水汽含量。

低仰角的卫星星地链路闪烁衰落十分严重,其衰落具有与地面链路多路径衰落相似的特征,并具有与地面链路相似的衰落深度分布,同时,低仰角卫星星地链路的衰落分布同样也与折射率梯度的统计特性有关。从衰落的整体分布来看,呈现出从大时间概率的闪烁衰落到小时间概率的多径衰落分布逐步过渡的特点。实际上大气折射效应导致的晴空衰落分布是波束扩展、闪烁和多径等效应的组合分布。国际电信联盟(ITU - R)分三种情形对对流层闪烁衰落进行预测:

　　① 仰角大于5°的闪烁衰落预测;

　　② 衰落深度大于25dB 的闪烁衰落预测;

　　③ 过渡区间的闪烁衰落预测。

　　图 2 - 7 给出了 ITU - R 对流层闪烁衰落预测方法的预测结果示例。

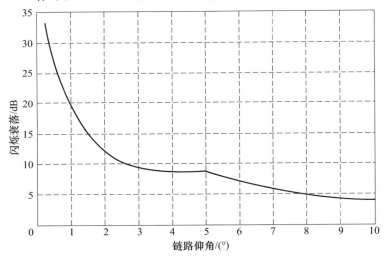

图 2 - 7　ITUI - R 对流层闪烁衰落预测结果示例[3]

2.3.1　仰角大于5°的闪烁衰落预测

　　该方法基于月平均和长期统计的平均温度 $t(℃)$ 以及相对湿度 H 进行计算,正是因为 t 和 H 的平均值随着季节变化而变化,闪烁衰落深度分布也呈现出季节性的变化。p 时间概率被超过的闪烁衰落深度 $A_S(p)$ 的计算公式如下:

$$A_S(p) = a(p) \cdot \sigma \qquad (2.49)$$

式中:$a(p)(0.01\% < p \leqslant 50\%)$ 为时间概率因子:

$$a(p) = -0.061(\lg p)^3 + 0.072(\lg p)^2 - 1.71\lg p + 3.0 \qquad (2.50)$$

σ 为信号的标准偏差，可定义为

$$\sigma = \sigma_{\text{ref}} f^{7/12} \frac{g(x)}{(\sin\theta)^{1.2}} \tag{2.51}$$

其中，f 为频率（GHz）；σ_{ref} 为信号幅度的标准偏差（dB），可定义为

$$\sigma_{\text{ref}} = 3.6 \times 10^{-3} + 10^{-4} \times N_{\text{wet}} \tag{2.52}$$

式中：N_{wet} 为折射率湿项。

式（2.51）中：$g(x)$ 为天线平均因子，可定义为

$$g(x) = \sqrt{3.86(x^2+1)^{11/12} \cdot \sin\left[\frac{11}{6}\arctan\frac{1}{x}\right] - 7.08x^{5/6}} \tag{2.53}$$

$$x = 1.22 D_{\text{eff}}^2 (f/L) \tag{2.54}$$

式中：D_{eff} 为天线的有效直径（m），可定义为

$$D_{\text{eff}} = \sqrt{\eta} D \tag{2.55}$$

式中：η 为天线效率，如果天线效率未知，可保守地取 $\eta = 0.5$；D 为地面站天线的物理直径（m）；L 为有效路径长度（m）：

$$L = \frac{2h_L}{\sqrt{\sin^2\theta + 2.35 \times 10^{-4}} + \sin\theta} \tag{2.56}$$

式中：h_L 为湍流层高度，通常取 $h_L = 1000$m；θ 为路径仰角（°）。

需要注意的是，当式（2.54）中根号内的值为负数时，则认为闪烁衰落为 0。

2.3.2　衰落深度大于 25dB 的闪烁衰落预测

衰落深度大于 25dB 的衰落是波束扩展、闪烁和多径等综合传播效应。视在仰角为 θ(mrad)，工作频率为 f(GHz)，时间概率 $p\%$ 被超过的衰落的年平均累计分布和最坏月累计分布可分别由式（2.57）和式（2.58）计算获得

$$A_y(p) = 10\lg K_w - \nu + 9\lg f - 59.5\lg(1+\theta) - 10\lg p \tag{2.57}$$

$$A_m(p) = 10\lg K_w + 9\lg f - 55\lg(1+\theta) - 10\lg p \tag{2.58}$$

式中：

$$\nu = -1.8 - 5.6\lg(1.1 \pm |\cos 2\psi|^{0.7}) \tag{2.59}$$

$$K_w = p_L^{1.5} 10^{0.1(C_0 + C_{\text{Lat}})} \tag{2.60}$$

式（2.60）中：当纬度的绝对值 $|\psi| \leqslant 45°$ 时取"+"号，当 $|\psi| > 45°$ 时取"-"号。

式（2.61）中：p_L 为近地 100m 处折射指数梯度小于 -100N（单位/km）的最坏月发生概率；C_0 的取值见表 2-6；纬度系数 C_{Lat} 的计算公式如下：

$$C_{\text{Lat}} = \begin{cases} 0, & (\psi \leqslant 53°\text{N 或 S}) \\ -53 + \psi, & (53°\text{N 或 S} \leqslant \psi \leqslant 60°\text{N 或 S}) \\ 7, & (60°\text{N 或 S} \leqslant \psi) \end{cases} \quad (2.61)$$

表 2-6　不同传播路径类型下 C_0 的取值[3]

路径类型	C_0
传播路径完全位于陆地,且地面站天线高度在海拔700m以下	76
地球站天线高度在海拔700m以上	70
传播路径位于或部分位于水面(含靠近水面沿岸区域)上空,r 指经过水面或近水面沿岸地区路径占整个传播路径的百分比,但水面不包括穿过河流和小的湖泊	$76 + 6r$

上述预测方法适用的频率和仰角范围分别为 $1 \sim 45\text{GHz}$ 和 $0.5° \sim 5°$。

2.3.3　过渡区间的闪烁衰落预测

利用立方指数模型进行内插,获得闪烁衰落深度小于 25dB 且自由空间仰角小于 5° 的过渡区间闪烁衰落 $A(p)$ 的预测公式如下:

$$A(p) = A_1 \exp[\alpha(p)(\theta - \theta_1) + \beta(p)(\theta - \theta_1)^2 + \gamma(p)(\theta - \theta_1)^2(\theta - \theta_2)] \quad (2.62)$$

其中:
$$\alpha(p) = \frac{A_1'}{A_1} \quad (2.63)$$

$$\beta(p) = \frac{\ln\left(\frac{A_2}{A_1}\right) - \alpha\delta}{\delta^2} \quad (2.64)$$

$$\gamma(p) = \frac{A_2' - A_2(\alpha + 2\beta\delta)}{A_2\delta^2} \quad (2.65)$$

$$\delta = \theta_2 - \theta_1 \quad (2.66)$$

式中:θ_1 为频率 $f(\text{GHz})$,时间概率为 $p(\%)$;衰落深度 $A_1 = 25(\text{dB})$ 时对应的视在仰角,其计算公式如下(ν 和 K_w 分别见式(2.59)和式(2.60)):

$$\theta_1 = \begin{cases} \left(\dfrac{K_w f^{0.9}}{p 10^{\frac{A_1}{10}}}\right)^{\frac{1}{5.5}} - 1, & \text{最坏月} \\ \left(\dfrac{K_w 10^{-\frac{\nu}{10}} f^{0.9}}{p 10^{\frac{A_1}{10}}}\right)^{\frac{1}{5.95}} - 1, & \text{年平均} \end{cases} \quad (2.67)$$

式中:θ_2 为自由空间仰角为 5° 时考虑折射效应的视在仰角(mrad);A_2 为自由空

间仰角为 5° 时的闪烁衰落。

由式（2.49），$A_1'(\mathrm{dB/mrad})$ 的计算公式如下：

$$A_1' = \begin{cases} -\dfrac{55}{1+\theta_1}\lg e, & \text{最坏月} \\[3mm] -\dfrac{59.5}{1+\theta_1}\lg e, & \text{年平均} \end{cases} \tag{2.68}$$

$A_2'\mathrm{dB/mrad}$ 的计算公式如下：

$$A_2' = A_2 \times \left[\frac{g'(x)}{g(x)}\frac{\mathrm{d}x}{\mathrm{d}\theta} - \frac{1.2}{\tan(\theta)}\right] \times \frac{1}{1000} \tag{2.69}$$

$$\frac{g'(x)}{g(x)} = \frac{1770(x^2+1) + 2123x^{\frac{1}{6}}(x^2+1)^{\frac{11}{12}}\left[\cos\zeta - x\sin\zeta\right]}{12x^{\frac{1}{6}}(x^2+1)\left[354x^{\frac{5}{6}} - 193(x^2+1)^{\frac{11}{12}}\sin\zeta\right]} \tag{2.70}$$

$$\frac{\mathrm{d}x}{\mathrm{d}\theta} = \frac{1.22D_{\mathrm{eff}}^2 f}{2h_L}\left[\frac{\sin\theta}{\sqrt{\sin^2\theta + 2.35\times10^{-4}}} + 1\right]\cos\theta \tag{2.71}$$

$$\zeta = \frac{11}{6}\arctan\frac{1}{x} \tag{2.72}$$

该预测方法适用于过渡区的视在仰角（如 $\theta_1 \leqslant \theta \leqslant \theta_2$）以及 $0 \leqslant p\% \leqslant 50\%$ 的情况。

参考文献

［1］ ITU – R Recommendation ITU – R P. 453 – 10. The radio refractive index：its formula and refractivity data ［S］. Geneva. ITU – R，2012.

［2］ ITU – R Recommendation P. 676 – 11. Attenuation by atmospheric gases［S］. Geneva. ITU – R，2016.

［3］ ITU – R Recommendation P. 618 – 12. Propagation data and prediction methods required for the design of Earth – space telecommunication systems［S］. Geneva. ITU – R，2015.

［4］ ITU – R Recommendation P. 835 – 5. Reference standard atmospheres［S］. Geneva. ITU – R，2012.

［5］ 熊皓，等. 无线电波传播. 北京：电子工业出版社，2000.

［6］ 赵振维. 水凝物的电波传播特性与遥感研究. 西安电子科技大学，2001. 1 – 114.

［7］ 林乐科. 对流层环境对地空传播特性影响研究. 中国电子科学研究院，2004.

［8］ 余少华. 12GHz 对流层闪烁特性. 武汉大学，1989.

［9］ 石丸. 随机介质中波的传播和散射. 黄润恒，等译. 北京：科学出版社出版，1986.

［10］ ITU – R Recommendation ITU – R P. 834 – 8. Effects of tropospheric refraction on radiowave propagation ［S］. Geneva. ITU – R，2016.

第3章 水凝物传播效应

水凝物(云、雨和雾等)作为最常见的大气环境,其对电磁波的衰减、去极化等效应对 10GHz 以上频段的卫星通信系统性能具有重要影响。对 C 频段卫星通信影响不大的暴雨可引起 Ku 频段卫星通信的中断,对 Ku 频段几乎没有影响的云层会对 Ka 频段产生影响,降雨引起的 Ka 频段雨衰减比 Ku 频段更为严重,暴雨时甚至可引起高达数十分贝的信号衰减,导致信号中断。降雨和冰晶层的散射还可引起地面链路和地空链路间的同频干扰,引起使用正交极化的频率复用系统的交叉极化隔离度或交叉极化分辨率下降,引起信号的附加时延等。水凝物的电波传播是一个复杂的随机过程,其传播特性不仅与频率有关,还与气象条件、地理位置和气候区域有关。对水凝物传播效应的可靠预测,是提高卫星系统链路设计的可靠性,保证卫星系统在恶劣气象条件下高可靠性工作的重要基础。

3.1 水凝物的物理特性

3.1.1 云雾物理特征

云雾是由悬浮在近地面空气中缓慢沉降的水滴或冰晶质点组成的一种胶体系统,就尺寸而言,云雾粒径一般从十几微米到几十微米。雾出现在贴地气层中,是接地的云,根据形成雾的地域和机理,可把雾分成两大类:平流雾和辐射雾。一般认为,平流雾是暖的空气移到冷的下垫面时形成的雾,海雾通常为平流雾。辐射雾主要是由地面辐射冷却造成的,内陆雾通常为辐射雾。雾的含水量随雾的强度不同而不同,雾的含水量与温度有直接的关系,对于中等强度的雾,当温度为 $-20 \sim -15\,^\circ\!C$ 时,含水量一般为 $0.1 \sim 0.2\mathrm{g/m^3}$,当温度为 $-15 \sim 0\,^\circ\!C$ 时,含水量一般为 $0.2 \sim 0.5\mathrm{g/m^3}$,而当温度为 $0 \sim 10\,^\circ\!C$ 时,含水量可达 $0.5 \sim 1\mathrm{g/m^3}$。云和雾具有类似的特征,国际分类法将云按高度分为高云、中云、低云和直展云 4 族,此 4 族云又主要由 10 类构成,如表 3-1 所列。云的含水量一般较雾的含水量大,积云的含水量较其他云的含水量大,平均约为 $2\mathrm{g/m^3}$,最大可达到 $25 \sim 30\mathrm{g/m^3}$。云雾的含水量越大,其对无线电信号衰减越大,且云雾衰减随频率的升高而增加。

表 3 - 1　云的国际分类[1]

云族	出现高度/km			云属
	极地	温带	热带	
高云	3 ~ 4	5 ~ 13	6 ~ 18	卷云(Ci),卷积云(Cc),卷层云(Cs)
中云	2 ~ 4	2 ~ 7	2 ~ 18	高积云(Ac),高层云(As)
低云		地面 ~ 2		层积云(Sc),雨层云(Ns),层云(St)
直展云		地面 ~ 2		积云(Cu),积雨云(Cb)

　　由于云雾滴尺寸分布的变化较大,根据实测云雾滴谱分布的不同,人们采用不同的分布来描述云雾滴谱特征,其中,简化的 gamma 云雾滴尺寸分布(Khragian - Mazin 分布计算方法)被广泛采用:

$$n(r) = a_f r^2 \exp(-b_f r) \tag{3.1}$$

式中:r 为云雾滴半径;$n(r)$ 为单位体积、单位半径间隔内的云雾滴数。

　　r 与 $n(r)$ 的单位相对应:如 r 单位为 m 时,$n(r)$ 的单位为 m^{-4};r 单位为 μm 时,$n(r)$ 的单位为 $m^{-3} \cdot \mu m^{-1}$;a_f,b_f 与能见度 $V(km)$ 和含水量 $W(g/m^3)$ 的关系如下:

$$a_f = \frac{9.781}{V^6 W^5} \times 10^{15} \tag{3.2}$$

$$b_f = \frac{1.304}{VW} \times 10^4 \tag{3.3}$$

3.1.2　降雨的物理特征

1. 雨滴的物理特征

　　研究降雨对卫星系统电波传播的影响,必须首先研究降雨对电波的散射特性,而降雨的散射特性取决于雨滴的尺寸、形状、取向、降落速度等物理特征。雨滴的形状与其尺寸相关,雨滴的直径在 0.1 ~ 8mm 之间,一般不大于 8mm,大于 8mm 的雨滴是不稳定的,将发生破裂。摄影研究表明,半径小于 1mm 的雨滴基本为球形,对于更大的雨滴,其形状为扁椭球形,其底部有一凹槽,如图 3 - 1 所示,其旋转轴近似垂直,为了便于计算和比较,通常使用等体积球的概念。研究表明,在雨滴散射特性计算中,表征雨滴的最重要的参数不是雨滴的精确形状,而是短轴和长轴的比值,因此雨滴通常被认为是具有不同长短轴比的扁椭球形。对于扁椭球形雨滴,通常用其短轴 a_r 和长轴 b_r 的比值 a_r/b_r 及等效球半径 a_0 来表征雨滴变形的大小,其中应用最广泛的扁椭球雨滴的轴比 a_r/b_r 和等效球半径 a_0

之间的关系为

$$a_r/b_r = 1 - 0.091 \times a_0 \tag{3.4}$$

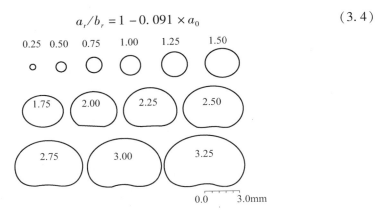

图 3 - 1 雨滴尺寸和形状(图中数字表示等体积球半径)[2]

雨滴在下落过程中,由于各种空气动力作用,使其对称轴偏离垂直方向,形成了雨滴倾斜角,它是个空间三维量,一般情况下,雨滴在空间的取向如图 3 - 2 所示。

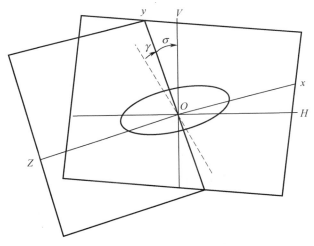

图 3 - 2 雨滴的空间倾角分布图

假设传播路径是水平的,图中 HV 平面为垂直于传播方向的平面,yz 平面为包含雨滴对称轴和传播方向的平面,虚线为雨滴对称轴。r 为雨滴对称轴与其在 HV 平面投影间的夹角。σ 为雨滴对称轴在 HV 平面投影与垂直轴 V 轴的夹角,即雨滴倾角。考虑雨滴的传播特性时,σ 是最重要的参量。一般假设 σ 近似服从高斯分布:

$$p(x) = \frac{1}{\sqrt{2\pi}\sigma_0} e^{-\frac{(x-\mu_\sigma)^2}{2\sigma_0}} \tag{3.5}$$

式中：μ_σ 为雨滴的平均倾角；σ_0 为雨滴倾角的标准偏差。对雨滴倾角长期的测量表明，雨滴倾角的均值 $\mu_\sigma \approx 9°$，标准偏差 $\sigma_0 \approx 36°$。

雨滴末速度是通过雨滴尺寸分布计算降雨率的一个重要参量，Gunn 和 Kiner 及 Best 在大气压强为 1013hPa，相对湿度为 50%，温度为 20℃的情况下测量了雨滴的末速度。测量结果表明，雨滴的下落速度随雨滴尺寸的增加而增加。当雨滴直径超过 2mm 时，雨滴末速度的增加率逐渐减少，在雨滴直径为 5mm 时，其末速度达到9m/s 的极大值，如表 3-2 所列。

表 3-2　雨滴末速度[3]

雨滴直径 D/mm	雨滴末速度 V/m/s	雨滴直径 D/mm	雨滴末速度 V/m/s
0.1	0.256	2.8	7.82
0.2	0.72	3.0	8.06
0.3	1.17	3.2	8.26
0.4	1.62	3.4	8.44
0.5	2.06	3.6	8.60
0.6	2.47	3.8	8.72
0.7	2.87	4.0	8.83
0.8	3.27	4.2	8.92
0.9	3.67	4.4	8.98
1.0	4.03	4.6	9.03
1.2	4.64	4.8	9.07
1.4	5.17	5.0	9.09
1.6	5.65	5.2	9.12
1.8	6.09	5.6	9.14
2.0	6.49	5.8	9.16
2.2	6.90	6.0	9.17
2.4	7.27	6.5	9.17
2.6	7.57	7.0	9.17

雨滴末速度可用经验公式表示，现已得到多种雨滴末速度的经验公式，赵振维根据表 3-2 的数据，拟合出以下经验公式：

$$V(D) = 9.336 - \frac{24.065}{1 + 1.5301\exp(0.8165D)} \tag{3.6}$$

式中:$V(D)$为雨滴的末速度(m/s);D为雨滴的等效直径(mm)。

2. 常用的雨滴尺寸分布

雨滴尺寸分布是指不同降雨率和不同尺寸的雨滴在空间的分布状况,也称为雨滴谱。Laws 和 Parsons 测量得到的 Laws – Parsons 雨滴尺寸分布(L – P 分布)是一种广泛应用的雨滴尺寸分布模型,ITU – R 的雨衰减预测模式即是使用解析 L – P 分布得到的。L – P 分布是一种离散的雨滴尺寸分布模型,它用列表的形式给出对应不同降雨率情况下,每 0.25mm 雨滴直径间隔内的含水量占总含水量的百分数,如表 3 – 3 所列。

表 3 – 3　Laws – Parsons 雨滴尺寸分布[4]

降雨率/mm/h〔雨滴直径/mm〕	占总体积的百分数/%							
	0.25	1.25	2.5	12.5	25	50	100	150
0.00 ~ 0.25	1.0	0.5	0.3	0.1	0	0	0	0
0.25 ~ 0.50	6.6	2.5	1.7	0.7	0.4	0.2	0.1	0.1
0.50 ~ 0.75	20.4	7.9	5.3	1.8	1.3	1.0	0.9	0.9
0.75 ~ 1.00	27.0	16.0	10.7	3.9	2.5	2.0	1.7	1.6
1.00 ~ 1.25	23.1	21.1	17.1	7.6	5.1	3.4	2.9	2.5
1.25 ~ 1.50	12.7	18.9	18.3	11.0	7.5	5.4	3.9	3.4
1.50 ~ 1.75	5.5	12.4	14.5	13.5	10.9	7.1	4.9	4.2
1.75 ~ 2.00	2.0	8.1	11.6	14.1	11.8	9.2	6.2	5.1
2.00 ~ 2.25	1.0	5.4	7.4	11.3	12.1	10.7	7.7	6.6
2.25 ~ 2.50	0.5	3.2	4.7	9.6	11.2	10.6	8.4	6.9
2.50 ~ 2.75	0.2	1.7	3.2	7.7	8.7	10.3	8.7	7.0
2.75 ~ 3.00		0.9	2.0	5.9	6.9	8.4	9.4	8.2
3.00 ~ 3.25		0.6	1.3	4.2	5.9	7.2	9.0	9.5
3.25 ~ 3.50		0.4	0.7	2.6	5.0	6.2	8.3	8.8
3.50 ~ 3.75		0.2	0.4	1.7	3.2	4.7	6.7	7.3
3.75 ~ 4.00		0.2	0.4	1.3	2.1	3.8	4.9	6.7
4.00 ~ 4.25			0.2	1.0	1.4	2.9	4.1	5.2
4.25 ~ 4.50			0.2	0.8	1.2	1.9	3.4	4.4
4.50 ~ 4.75				0.4	0.9	1.4	2.4	3.3
4.75 ~ 5.00				0.4	0.7	1.0	1.7	2.0

（续）

降雨率/mm/h 雨滴直径/mm	占总体积的百分数/%							
	0.25	1.25	2.5	12.5	25	50	100	150
5.00 ~ 5.25				0.2	0.4	0.8	1.3	1.6
5.25 ~ 5.50				0.2	0.3	0.6	1.0	1.3
5.50 ~ 5.75					0.2	0.5	0.7	0.9
5.75 ~ 6.00					0.2	0.3	0.5	0.7
6.00 ~ 6.25					0.1	0.2	0.5	0.5
6.25 ~ 6.50						0.2	0.5	0.5
6.50 ~ 6.75							0.2	0.5
6.75 ~ 7.00								0.3

L – P 分布给出雨滴直径 $D(\text{mm})$，直径间隔 $\text{d}D(\text{mm})$ 范围内的单位空间体积内的雨滴数的计算公式如下：

$$N(D)\text{d}D = \frac{10^2}{6\pi} \frac{R \cdot m(D) \cdot \text{d}D}{D^3 \cdot V(D)} \tag{3.7}$$

式中：$m(D)$ 为雨滴体积分布（m^{-3}），可查表 3 – 3 得到；$V(D)$ 为直径 D 的雨滴的末速度（m/s）；R 为降雨率（mm/h）。

除了 L – P 分布，基于全球不同地区的观测数据开展了大量的雨滴尺寸分布建模研究并产生了一系列的雨滴尺寸分布模型，主要有负指数分布、Joss et. al 分布、Gamma 分布、对数正态分布等。其中负指数分布是应用较为广泛的一种，这一模型也称为 Marshall – Palmer 分布（M – P 分布）：

$$N(D) = N_0 \exp(-f(R) \cdot D) \tag{3.8}$$

式中：N_0 一般为常数，部分研究者也将其表示为降雨率的函数；$f(R)$ 为降雨率的函数。

Joss 模型将降雨分为了毛毛雨（drizzle）、广延雨（widespread）和雷暴雨（thunderstorm），并分别给出了三种情况下的负指数分布系数，见表 3 – 4。

表 3 – 4　负指数分布的系数[6]

模型	简称	N_0	$f(R)$
Marshall and Palmer	MP	8000	$4.1R^{-0.21}$
Joss – drizzle	JD	30000	$5.7R^{-0.21}$
Joss – widespread	JW	7000	$4.1R^{-0.21}$
Joss – thunderstorm	JT	1400	$3.0R^{-0.21}$

20 世纪八九十年代，中国电波传播研究所仇盛柏等对我国温带大陆性气候

区(新乡)、温带海洋性气候区(青岛)和亚热带海洋性气候区(广州)等典型区域的雨滴谱进行了测量。赵振维等基于测量结果研究了青岛、广州和新乡三个地区平均雨滴尺寸分布和降雨率的关系。总体看来,我国不同地区的平均雨滴尺寸分布比较接近 M－P 和 L－P 分布,如彩图 3－3 所示,主要差别在于直径小于 0.5mm 的小雨滴含量,从世界各地的测量结果看,这种差异是非常普遍的,造成这种差异的原因主要是所用测量方法和数据处理方法的差异,目前,尚难对小雨滴的含量得出确切的结论。

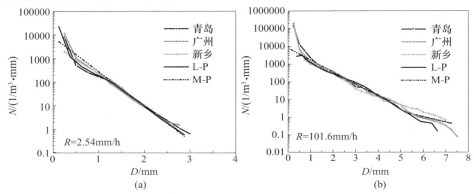

图 3－3 我国雨滴尺寸分布与 L－P 和 M－P 雨滴尺寸分布比较

(a)$R = 2.54$mm/h; (b)$R = 101.6$mm/h。

3. 降雨的空间分布

当卫星链路穿越雨区时,沿链路的降雨会有很大的变化。图 3－4 给出了气象雷达对一次降雨事件的典型观测结果。雷达测雨结果表明在广阔的低降雨率区域中,往往镶嵌着一个或数个较高降雨率的小区域,这些小的高降雨率区域称为"雨胞"。雨胞尺度与给定阈值降雨率值的大小有关,通常雨胞的尺度小于 10km,由于受风的影响,其尺度和强度也是随空间和时间变化的。降雨率除水平方向的变化外,随高度也是变化的。降雨随高度的变化取决于控制融化过程的零度层高度。零度层高度随季节和区域变化而变化,通常地表平均温度越高的区域零度层也越高,零度层的高度决定了卫星链路穿越雨区的距离,分析降雨的空间分布对卫星信号的影响十分重要。

根据实测的降雨率空间分布,当前已提出了多种雨胞模型。例如,柱状模型,高斯模型、EXCELL 模型、HYCELL 模型以及 MultiEXCELL 模型,如彩图 3－5 所示。这些雨胞模型的提出多用于雨衰减的统计建模和雨衰减的仿真。

4. 降雨率累积分布

降雨率长期累积分布是雨衰减统计建模所需的重要基础数据。降雨率累计

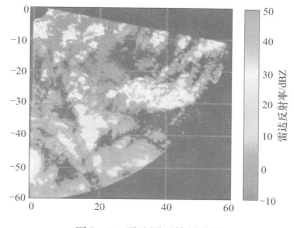

图 3 - 4　雷达测雨结果示例

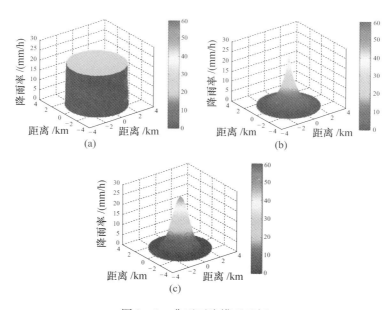

图 3 - 5　典型雨胞模型示例
（a）柱形雨胞；（b）指数雨胞；（c）高斯雨胞。

分布是通过统计在一定年份内降雨率 R 大于等于设定值 R_i 的概率 $p(R \geqslant R_i)$ 得到的，表 3 - 5 给出了我国主要城市地区降雨率长期累积分布统计结果，其统计周期为 10 年，降雨观测的积分时间为 10min。

表 3－5　我国部分城市降雨率累计分布

序号	城市	纬度	经度	时间概率/%									
				0.001	0.003	0.006	0.01	0.03	0.06	0.1	0.3	0.6	1
				降雨率/（mm/h）									
1	北京	39°48′	116°28′	96	71	60	48	28	17	11	4.8	2.1	1.1
2	海口	20°02′	110°21′	120	108	100	87	62	54	35	13	6.6	3.2
3	南宁	22°49′	108°21′	115	102	90	80	54	40	28	10.7	5.1	2.8
4	广州	23°08′	113°19′	120	106	100	80	60	42	32	13	7	4
5	南昌	28°40′	115°58′	100.5	87	75	64	42	30	21	10	5.1	3.1
6	福州	26°05′	119°17′	105	89	72	62	41	30	21	10	6.1	4.1
7	济南	36°21′	116°59′	101	90	75	60	32	20	12	5.1	2.3	1.3
8	青岛	36°09′	120°25′	100	80	67	59	32	21	13	5.9	2.3	1.3
9	贵阳	26°35′	106°03′	110	82	69	60	37	23	17	8.5	4.5	2.6
10	杭州	30°19′	120°12′	110	80	68	54	32	21	15	7.5	4.2	2.8
11	合肥	31°51′	117°17′	110	90	70	60	32	21	13	6.6	3.2	2.1
12	南京	32°00′	118°48′	110	90	70	55	31	21	13	6.5	3.1	2.0
13	天津	39°06′	117°10′	110	90	68	54	30	17	11	4.3	2.1	1.2
14	武汉	30°31′	114°04′	102	82	67	55	32	21	15	7.3	4.0	2.4
15	长沙	28°12′	113°04′	100	80	66	55	32	21	17	8	4	2.3
16	成都	30°40′	104°40′	100	78	63	53	31	21	15	6.2	3.1	2
17	沈阳	41°46′	123°26′	100	73	60	48	25	17	11	5.1	2.6	1.3
18	上海	31°10′	121°26′	91	71	60	50	30	21	13	7.0	3.6	1.2
19	昆明	25°01′	102°41′	82	67	56	48	30	21	16	7.8	3.1	2.6
20	长春	43°54′	125°13′	97	70	56	45	22	13	10	4.1	2.1	1.2
21	石家庄	38°02′	114°26′	92	70	51	41	21	12	10	4.2	2.1	1.2
22	哈尔滨	45°41′	126°17′	79	55	42	32	17	11	8	3.3	1.8	1.1
23	太原	37°47′	112°13′	78	51	39	30	15	10	7	3.2	1.7	1.1
24	呼和浩特	40°49′	111°41′	68	54	32	27	14	10	7.6	3.4	1.8	1.1
25	西安	34°18′	108°56′	58	37	27	20	11	8.2	6.1	3.5	2.1	1.3
26	兰州	36°03′	103°53′	51	32	22	18	10	7	5	2.3	1.3	1.1
27	拉萨	29°42′	91°08′	39	26	21	17	11	8.2	6.5	3.4	2.1	1.2
28	西宁	36°35′	101°55′	43	30	21	17	10	6.7	5	2.2	1.2	0.5
29	银川	38°29′	106°13′	52	31	21	17	8.2	5	3.8	2	1.1	0.7
30	乌鲁木齐	43°34′	87°06′	15	11	9.1	8	5.2	4.1	3.2	1.8	1	0.60

5. 不同积分时间降雨率的转换

ITU－R 建议雨衰减预测所需降雨率统计数据是基于时间精度(通常所说的积分时间)为 1min 的降雨数据统计得到的。因此,1min 积分时间降雨率统计分布是预测雨衰减累积分布的数据基础。已有降雨率统计分布多是基于气象台站 5min、10min 或更长积分时间的观测数据获得,表 3－5 所列的我国主要城市的降雨率统计分布就是基于积分时间为 10min 的降雨数据得到的。在进行雨衰减预测时,需要将不同积分时间获得的降雨率统计分布转换为 1 分钟积分时间的降雨率统计分布。利用快速响应的分钟雨量计的降雨测量数据,研究人员在不同地域开展了 1min、5min、10min 和更长积分时间的降雨率统计分布研究,建立不同积分时间降雨率统计分布与 1min 积分时间降雨率统计分布之间的转换模型。仇盛柏等人在南京、青岛和海口等 6 个典型地区开展了不同积分时间降雨率的转换研究,赵振维、林乐科等人在此基础上建立了适用于不同地区的统一的转换模型参数,结合巴西、韩国的试验数据,国际电联给出了适用于全球范围的不同积分时间降雨率的转换模型:

$$R_1(p) = a\left[R_\tau(p) \right]^b \tag{3.9}$$

式中:$R_1(p)$ 和 $R_\tau(p)$ 分别表示积分时间为 1min 和 τmin 时,$p\%$ 时间概率被超过的降雨率(mm/h);系数 a 和 b 见表 3－6。

表 3－6　不同积分时间降雨率转换模型系数

τ	a	b
5min	0.986	1.038
10min	0.919	1.088
20min	0.680	1.189
30min	0.564	1.288

6. 水的介电特性

水凝物对电波传播的影响主要是由水凝物中的液态水对电波的吸收和散射引起的,与水的复介电特性密切相关,液态水的复介电特性通常用相对复介电常数($\varepsilon = \varepsilon' - \mathrm{i}\varepsilon''$)或折射指数($m = m' - \mathrm{i}m''$)表示,两者之间关系为

$$m = \sqrt{\varepsilon} \tag{3.10}$$

水的复介电常数是温度和频率的复杂函数,在计算雨滴的散射特性时,最常用的是 Ray 经验公式,其计算公式如下:

$$\varepsilon' = \varepsilon_\infty + \frac{(\varepsilon_s - \varepsilon_\infty)\left[1 + \left(\frac{\lambda_s}{\lambda}\right)^{1-\alpha} \sin\left(\frac{\alpha\pi}{2}\right) \right]}{1 + 2\left(\frac{\lambda_s}{\lambda}\right)^{1-\alpha} \sin\left(\frac{\alpha\pi}{2}\right) + \left(\frac{\lambda_s}{\lambda}\right)^{2(1-\alpha)}} \tag{3.11}$$

$$\varepsilon'' = \frac{(\varepsilon_s - \varepsilon_\infty)\left(\frac{\lambda_s}{\lambda}\right)^{1-\alpha} \cos\left(\frac{\alpha\pi}{2}\right)}{1 + 2\left(\frac{\lambda_s}{\lambda}\right)^{1-\alpha} \sin\left(\frac{\alpha\pi}{2}\right) + \left(\frac{\lambda_s}{\lambda}\right)^{2(1-\alpha)}} + \frac{\sigma\lambda}{18.8496 \times 10^{10}} \qquad (3.12)$$

其中
$$\sigma = 12.5664 \times 10^8$$

$$\varepsilon_s = 78.54[1 - 4.579 \times 10^{-3}(t-25) + 1.19 \times 10^{-5}(t-25)^2 - 2.8 \times 10^{-8}(t-25)^3]$$

$$\varepsilon_\infty = 5.27134 + 2.16474 \times 10^{-2} t - 1.31198 \times 10^{-3} t^2$$

$$\alpha = -\frac{16.8129}{t+273} + 6.09265 \times 10^{-2}$$

$$\lambda_s = 3.3836 \times 10^{-4} \exp\left(\frac{2513.98}{t+273}\right)$$

式中:λ 为工作波长(cm);t 为温度(℃)。Ray 公式适用于温度从 $-20℃$ 到 $50℃$ 的情况,当波长小于 0.1cm 时,需要考虑吸收带的影响。

另一种常用的水的介电常数的计算公式为双 Debye 公式:

$$\varepsilon' = \frac{\varepsilon_0 - \varepsilon_1}{[1 + (f/f_p)^2]} + \frac{\varepsilon_1 - \varepsilon_2}{[1 + (f/f_s)^2]} + \varepsilon_2 \qquad (3.13)$$

$$\varepsilon'' = \frac{f(\varepsilon_0 - \varepsilon_1)}{f_p[1 + (f/f_p)^2]} + \frac{f(\varepsilon_1 - \varepsilon_2)}{f_s[1 + (f/f_s)^2]} \qquad (3.14)$$

其中

$$\varepsilon_0 = 77.66 + 103.3(\theta - 1)$$

$$\varepsilon_1 = 5.48$$

$$\varepsilon_2 = 3.51$$

$$f_p = 20.09 - 142.4(\theta - 1) + 294(\theta - 1)^2$$

$$f_s = 590 - 1500(\theta - 1)$$

$$\theta = 300/T$$

双 Debye 公式的频率适用范围为 0 ~ 1000GHz。

两种计算复介电常数的方法在 200GHz 以内有很好的一致性,当频率大于 200GHz 时,计算结果有一定的差异。在计算降雨传播特性时通常使用 Ray 经验公式,在计算云雾的传播特性时多使用双 Debye 公式。

7. 水凝物的散射特性

当入射波投射到散射体上,一部分入射的能量被散射体吸收,转化为热能,另一部分能量被散射体散射,如图 3 - 6 所示。

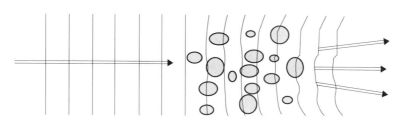

图 3-6　水凝物散射示意图

散射体吸收的能量 P_a 和散射的能量 P_s 与入射功率密度 $S_I(\mathrm{W/m^2})$ 之比分别称为吸收截面 Q_a 和散射截面 Q_s，吸收截面 Q_a 和散射截面 Q_s 与散射体物理截面之比称为归一化吸收截面 σ_a 和归一化散射截面 σ_s。散射截面和吸收截面之和称为消光截面 Q_e，归一化的吸收截面和归一化的散射截面之和称为归一化的消光截面 σ_e，可得

$$Q_e = Q_a + Q_s \tag{3.15}$$

$$\sigma_e = \sigma_a + \sigma_s \tag{3.16}$$

当电波穿过雨区时，由于非球形雨滴的散射和吸收，会造成不同极化电波的衰减差异和极化状态的变化。雨滴的散射几何关系如图 3-7 所示，假设 E^i 表示入射波的电场，以 α 角入射到雨滴上，其极化状态用单位向量 e 表示，K_i 为入射方向的单位向量，E^s 表示散射波的电场，K_s 为散射方向的单位向量。假设入射波为单位值，远场区的散射场可写为

$$E^s = \frac{\boldsymbol{f}(\boldsymbol{K}_i, \boldsymbol{K}_s)}{r} \mathrm{e}^{-jkr} \tag{3.17}$$

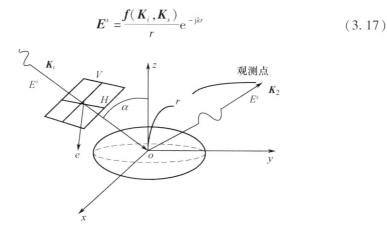

图 3-7　雨滴散射几何关系图

式中：k 为自由空间传播常数；r 为原点到观测点的距离；$\boldsymbol{f}(\boldsymbol{K}_i, \boldsymbol{K}_s)$ 为散射振幅

向量。

对于电大尺寸非球形雨滴的散射无法求得严格的解析解,且没有有效的近似,因此,只能用数值法近似求解。几十年来,非球形雨滴的散射得到了广泛的关注和大量的研究,发展了大量的数值计算方法,如微扰法和点匹配法等。一旦求得散射振幅,即可根据前向散射定理求得消光截面:

$$Q_e = -(4\pi/k)\text{Im}[\boldsymbol{e} \cdot \boldsymbol{f}(K_i, K_i)] \tag{3.18}$$

如不考虑电波的极化特性,通常雨滴可用球形雨滴代替。此时可用 Mie 散射理论得到雨滴散射的严格解,利用 Mie 系数计算归一化的散射截面和消光截面如下:

$$\sigma_s(m, \chi) = \frac{2}{\chi^2} \sum_{n=1}^{\infty} (2n+1)(|a_n|^2 + |b_n|^2) \tag{3.19}$$

$$\sigma_e(m, \chi) = \frac{2}{\chi^2} \sum_{n=1}^{\infty} (2n+1)\text{Re}(a_n + b_n) \tag{3.20}$$

式中:$\chi = (2\pi r)/\lambda_0$;$m = (m_r - \text{j}m_i) = \sqrt{\varepsilon_r - \text{j}\varepsilon_i}$ 为折射指数;λ_0 为波长;r 为介质半径;a_n 和 b_n 为 Mie 系数。

当水凝物的尺度远小于入射波的波长时,既满足 $\chi \ll 1$ 时,可使用 Rayleigh 散射近似计算雨滴和雾滴的散射特性,要比利用 Mie 理论和其他数值算法简单方便得多,Rayleigh 散射方法被广泛应用于云雾的传播特性和较低频段的降雨传播特性计算,其归一化散射截面和归一化吸收截面分别为

$$\sigma_s = \frac{8}{3}\chi^4 |K|^2 \tag{3.21}$$

$$\sigma_a = 4\chi\text{Im}(-K) \tag{3.22}$$

K 的计算公式如下:

$$K = \frac{m^2 - 1}{m^2 + 1} = \frac{\varepsilon - 1}{\varepsilon + 2}$$

由此可求得散射和吸收截面如下:

$$Q_s = \frac{2\lambda^2}{3\pi}\chi^6 |K|^2 = \frac{128\pi^5 r^6}{3\lambda^4} |K|^2 \tag{3.23}$$

$$Q_a = \frac{\lambda^2}{\pi}\chi^3 \text{Im}(-K) = \frac{8\pi^2}{3\lambda} r^3 \varepsilon_r \left|\frac{3}{\varepsilon + 2}\right|^2 \tag{3.24}$$

由于在 Rayleigh 近似情况下($\chi \ll 1$),吸收截面远大于散射截面,因此,消光截面可用吸收截面近似表示。

对于椭球形雨滴,散射的几何关系仍然如图 3 – 7 所示。若入射电场为垂直极化,即电场的极化向量 **e** 在 xOz 平面内,散射振幅只有 **e** 分量。同样,若入射电场为水平极化,即电场的极化向量 **e** 平行于 y 轴,散射振幅只有 y 分量。令 f_v 和 f_h 分别表示垂直和水平极化的散射振幅,对于短轴为 a,长轴为 b 的扁椭球形,散射振幅可用以下公式计算:

$$f_v = k^2 \frac{ab^2}{3} \left[\frac{\varepsilon - 1}{1 + (\varepsilon - 1)A_1} \cos^2 a + \frac{\varepsilon - 1}{1 + (\varepsilon - 1)A_2} \sin^2 a \right] \qquad (3.25)$$

$$f_h = k^2 \frac{ab^2}{3} \frac{\varepsilon - 1}{1 + (\varepsilon - 1)A_1} \qquad (3.26)$$

式中,A_1 和 A_2 为椭球的几何因子,由以下公式计算:

$$A_1 = \frac{1}{2\left[\left(\frac{b}{a}\right)^2 - 1\right]} \left(\frac{\left(\frac{b}{a}\right)^2}{\sqrt{\left(\frac{b}{a}\right)^2 - 1}} \arctan^1\left(\sqrt{\left(\frac{b}{a}\right)^2 - 1}\right) - 1 \right)$$

$$A_2 = 1 - 2A_1$$

对于长轴为 a,短轴为 b 的长椭球,其几何参数 A_1 和 A_2 分别为

$$A_1 = \frac{\frac{a}{b}}{2\left[\left(\frac{a}{b}\right)^2 - 1\right]} \left(\frac{a}{b} - \frac{1}{2\sqrt{\left(\frac{a}{b}\right)^2 - 1}} \ln\left(\frac{\frac{a}{b} + \sqrt{\left(\frac{a}{b}\right)^2 - 1}}{\frac{a}{b} - \sqrt{\left(\frac{a}{b}\right)^2 - 1}} \right) \right)$$

$$A_2 = 1 - 2A_1$$

得到消光截面后,结合水凝物(雨滴和云雾滴)的尺寸分布 $n(r)$,可由以下公式计算衰减率:

$$A = 4.343 \times 10^3 \int_0^\infty \sigma_e n(r) \mathrm{d}r \quad (\mathrm{dB/km}) \qquad (3.27)$$

3.2　云雾衰减

由于云雾滴的尺寸远小于卫星通信系统的工作波长,可以利用 Rayleigh 近似计算云雾滴的消光截面,在 Rayleigh 近似下,云雾滴的吸收截面远大于散射截面,其消光截面近似等于吸收截面,其值为单位体积内所有云雾粒子吸收截面之和,云雾的衰减率 $I(\mathrm{dB/km})$ 可表示为

$$I = 4.343 \times 10^{3} \sum_{i=1}^{N} Q_{a}(r_{i}) \tag{3.28}$$

式中:N 为单位体积内的粒子数;$Q_{a}(r_{i})$ 为半径为 r_{i} 的粒子的吸收截面。

结合式(3.24)可得

$$I = 4.343 \times 10^{3} \times \frac{8\pi^{2}}{3\lambda} \varepsilon_{r} \left| \frac{3}{\varepsilon + 2} \right|^{2} \sum_{i=1}^{N} r_{i}^{3} \tag{3.29}$$

由于含水量 $W(\mathrm{g/m^{3}})$ 等于单位体积的云雾滴的总体积乘以水的密度$(10^{6}\mathrm{g/m^{3}})$,即:

$$W = 10^{6} \sum_{i=1}^{N} \frac{4\pi}{3} r_{i}^{3} \tag{3.30}$$

可得 Rayleigh 近似下的云雾衰减率的计算公式如下:

$$I = K_{l}W \tag{3.31}$$

$$K_{l} = \frac{0.819f}{\varepsilon''(1 + \eta^{2})} \tag{3.32}$$

$$\eta = \frac{2 + \varepsilon'}{\varepsilon''} \tag{3.33}$$

式中:f 为频率(GHz);K_{l} 为云雾衰减系数$((\mathrm{dB/km})/(\mathrm{g/m^{3}}))$;$\varepsilon'$ 和 ε'' 分别为水的复介电常数的实部和虚部,可由双 Debye 公式计算得出。

由于水的复介电常数是温度的函数,温度对云雾的衰减有很大的影响,图 3-8 给出了 $-8℃$、$0℃$、$10℃$ 以及 $20℃$ 下,$5\sim200\mathrm{GHz}$ 频率范围内的云雾衰减系数。

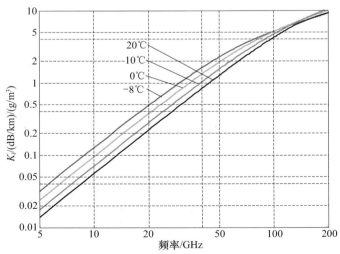

图 3-8 不同温度下云雾衰减系数随频率变化

由于水的复介电常数是频率和温度的复杂函数,使用上述方法计算云雾衰减不便于工程应用,在 Rayleigh 近似适用的情况下,中国电波传播研究所的赵振维等人得出的 K_l 的经验计算公式如下。

当 $f \leqslant 150\mathrm{GHz}$ 时,有

$$K_l = 6.0826 \times 10^{-4} f \times 1.8963 \left(\frac{300}{T}\right)^{(7.8087 - 0.01565f - 3.0730 \times 10^{-4}f^2)}\tag{3.34}$$

当 $150 < f \leqslant 1000\mathrm{GHz}$ 时,有

$$K_l = 0.07536 f^{0.9350} \times \left(\frac{300}{T}\right)^{(-0.7281 - 0.0018f - 1.5420 \times 10^{-6}f^2)}\tag{3.35}$$

式中:f 为频率(GHz);T 为温度(K)。

经检验,该经验公式在 $-8\,℃ \sim 20\,℃$ 和 $10 \sim 1000\mathrm{GHz}$ 范围内的计算误差小于 9%。

卫星通信系统设计需考虑传播路径上不同时间概率($p\%$)被超过的云衰减,此时需要获取当地不同时间概率被超过的云积分含水量 $L(p)$(底面积为 $1\mathrm{m}^2$ 的圆柱内的液态水的总质量,$\mathrm{kg/m}^2$),如无法获得当地的云积分含水量数据,可利用 ITU - R P.840 建议书给出的全球云中液态水含量分布的数字地图来获取,图 3 - 9 给出了全球 1% 时间概率被超过的云积分含水量,通过插值可得到当地的云的积分含水量。此时,可通过以下公式预测不同时间概率被超过的云衰减 $A(p)$(dB):

$$A(p) = \frac{L(p)K_l}{\sin\theta}\tag{3.36}$$

式中:θ 为路径仰角(°)。式(3.36)适用于 $5° \leqslant \theta \leqslant 90°$ 的情况。

雾衰减的预测方法与云衰减类似,一般用雾的含水量 $W(\mathrm{g/m}^3)$ 或能见度 $V(\mathrm{km})$ 表征雾的强度,雾的含水量和能见度的关系可用以下经验公式表示:

平流雾:$\qquad W = (18.35V)^{-1.43} = 0.0156V^{-1.43}\tag{3.37}$

辐射雾:$\qquad W = (42.0V)^{-1.54} = 0.00316V^{-1.54}\tag{3.38}$

假设电波通过雾区的长度为 $L_f(\mathrm{km})$,则由雾产生的衰减可由下式计算:

$$A = K_l L_f W\tag{3.39}$$

对于卫星通信系统星地链路设计,由于雾的高度较低,电波穿越雾区的长度较短,因此,除特殊要求时,可不考虑雾衰减的影响。

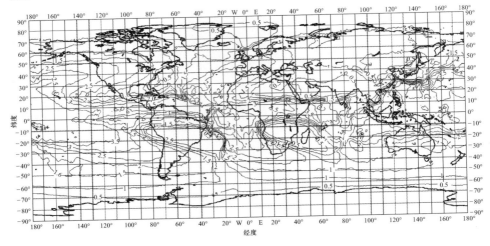

图 3 – 9   全球 1% 时间概率被超过的云积分含水量（kg/m^2）

3.3   雨　衰　减

雨衰减是影响 Ku 及以上频段卫星通信系统性能的重要因素,雨衰减的统计分布是卫星通信系统链路可靠性和系统余量设计的重要依据,通过广泛的研究建立了大量的雨衰减预测模型,并随着雨衰减试验数据的积累和研究的深入,雨衰减预测方法得到持续改进和完善。

3.3.1　雨衰减率

雨衰减率除与频率和降雨率有关外,还与信号极化方式、雨滴形状和尺寸分布有关,雨衰减率可由雨滴尺寸分布结合散射算法计算得到。为了便于工程应用,开展了大量关于雨衰减率和降雨率以及雨滴尺寸分布相关性的研究工作,Olsen 等的理论研究表明,雨衰减率和降雨率之间存在很好的指数关系:

$$\gamma_R = kR^\alpha \tag{3.40}$$

式中:γ_R 为雨衰减率(dB/km);k 和 α 为与电波极化特征有关的回归系数。

基于解析 L – P 雨滴尺寸分布和椭球型雨滴散射特性,ITU – R P. 838 建议书给出的 k 与 α 的计算公式如下:

$$k = [k_H + k_V + (k_H - k_V)\cos^2\theta\cos2\tau]/2 \tag{3.41}$$

$$\alpha = [k_H\alpha_H + k_V\alpha_V + (k_H\alpha_H - k_V\alpha_V)\cos^2\theta\cos2\tau]/2k \tag{3.42}$$

式中:τ 为极化倾角(水平极化取 0°,垂直极化取 90°,圆极化取 45°);系数 k_H 和

k_V 由式(3.44)计算,系数 α_H 和 α_V 由式(3.45)计算可得。

$$\lg k_{H,V} = \sum_{j=1}^{3} \left(a_j \cdot \exp\left[-\left(\frac{\lg(f) - b_j}{c_j} \right)^2 \right] \right) + m_k \cdot \lg(f) + c_k \quad (3.43)$$

$$\alpha_{H,V} = \sum_{i=1}^{4} \left(a_i \cdot \exp\left[-\left(\frac{\lg(f) - b_i}{c_i} \right)^2 \right] \right) + m_\alpha \cdot \lg(f) + c_\alpha \quad (3.44)$$

相关参数如表 3-7~表 3-10 所列。

表 3-7　计算 k_H 所需参数[32]

j	a_j	b_j	c_j	m_k	c_k
1	-5.33980	-0.10008	1.13098		
2	-0.35351	1.26970	0.45400		
3	-0.23789	0.86036	0.15354	-0.18961	0.71147
4	-0.94158	0.64552	0.16817		

表 3-8　计算 k_V 所需参数[32]

j	a_j	b_j	c_j	m_k	c_k
1	-3.80595	0.56934	0.81061		
2	-3.44965	-0.22911	0.51059		
3	-0.39902	0.73042	0.11899	-0.16398	0.63297
4	0.50167	1.07319	0.27195		

表 3-9　计算 α_H 所需参数[32]

i	a_i	b_i	c_i	m_a	c_a
1	-0.14318	1.82442	-0.55187		
2	0.29591	0.77564	0.19822		
3	0.32177	0.63773	0.13164	0.67849	-1.95537
4	-5.37610	-0.96230	1.47828		
5	16.1721	-3.29980	3.43990		

表 3-10　计算 α_V 所需参数[32]

i	a_i	b_i	c_i	m_a	c_a
1	-0.07771	2.33840	-0.76284		
2	0.56727	0.95545	0.54039		
3	-0.20238	1.14520	0.26809	-0.053739	0.83433
4	-48.2991	0.791669	0.116226		
5	48.5833	0.791459	0.116479		

为了直观了解雨衰减率计算相关参数随频率的变化,图 3 - 10 和图 3 - 11 分别给出了水平极化系数 k_H 和 α_H,垂直极化系数 k_V 和 α_V 随频率的变化曲线。

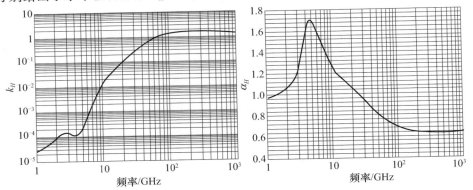

图 3 - 10　k_H 和 α_H 与频率的关系[32]

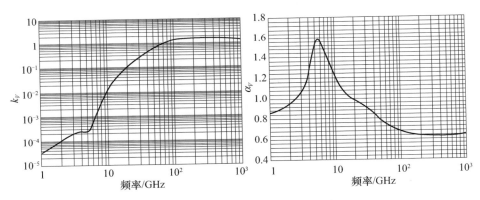

图 3 - 11　k_V 和 α_V 与频率的关系[32]

3.3.2　ITU - R 雨衰减预测方法

国际电信联盟建议的地空链路雨衰减预测方法在国际上得到普遍应用,该方法是由 Dissanayake 等提出的,同时考虑了降雨在水平和垂直路径上的不均匀性。该方法首先预测 0.01% 时间概率被超过的雨衰减,其他时间概率被超过的雨衰减由 0.01% 时间概率被超过的雨衰减转换得到。

降雨时的地空路径电波传播示意图如图 3 - 12 所示。θ 为地空路径通信仰角(°)。h_s 表示地面站海拔高度(km)。h_R 为雨顶高度(km),可通过 0℃ 等温层高度 h_0(km)获得,ITU - R P. 839 建议书给出的 h_R 的计算公式为:$h_R = h_0 + 0.36$。L_s 为电波穿过雨区的斜路径长度(km),其计算公式如下:

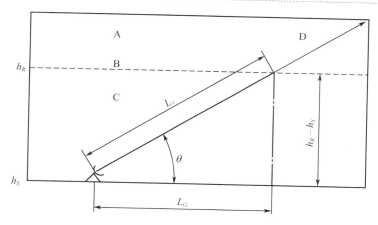

图 3 – 12　地空传播路径示意图

（A 区:冰冻水凝物区;B 区:雨顶高度;C 区:降雨区;D 区:地空路径）

$$L_s = \begin{cases} \dfrac{h_R - h_s}{\sin\theta}, & \theta \geqslant 5° \\[4mm] \dfrac{2(h_R - h_s)}{\sqrt{\sin^2\theta + \dfrac{2(h_R - h_s)}{R_e}} + \sin\theta}, & \theta < 5° \end{cases} \qquad (3.45)$$

需要注意的是,当雨顶高度 h_R 小于海拔高度 h_s 时,雨衰减为零。L_G 为 L_s 在水平路径上的投影(km): $L_G = L_s \cos\theta$。

地空链路 0.01% 时间概率被超过的雨衰减 $A_{0.01}$(dB)的计算公式如下:

$$A_{0.01} = \gamma_{R_{0.01}} \cdot L_E \qquad (3.46)$$

式中: $\gamma_{R_{0.01}}$ 为 0.01% 时间概率被超过的降雨率 $R_{0.01}$(mm/h)对应的雨衰减率(dB/km),可由式(3.40)计算得到; $R_{0.01}$ 为当地的降雨率,积分时间为 1min。

ITU – R P. 837 建议书给出了降雨率全球统计分布的数字地图,如图 3 – 13 所示,当无法获取本地数据时可作为参考。若 $R_{0.01} = 0$,则不需要考虑雨衰减。

式(3.46)中, L_E 为考虑降雨不均匀性的有效路径长度(km), L_E 的计算公式如下:

$$L_E = L_R \upsilon_{0.01} \qquad (3.47)$$

其中

$$L_R = \begin{cases} L_R = \dfrac{L_G r_{0.01}}{\cos\theta}, & \arctan\left(\dfrac{h_R - h_s}{L_G r_{0.01}}\right) > \theta \\[4mm] \dfrac{(h_R - h_s)}{\sin\theta}, & \arctan\left(\dfrac{h_R - h_s}{L_G r_{0.01}}\right) \leqslant \theta \end{cases} \qquad (3.48)$$

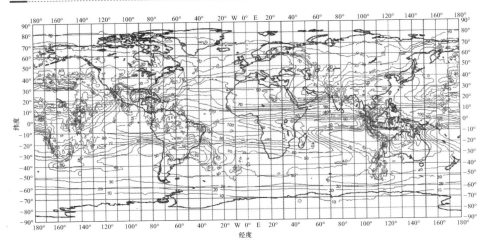

图 3 – 13　0.01% 时间概率被超过的年降雨率分布图

$r_{0.01}$ 为水平调整因子,可定义为

$$r_{0.01} = \cfrac{1}{1 + 0.78\sqrt{\cfrac{L_G \gamma_R}{f}} - 0.38(1 - \exp(-2L_G))} \tag{3.49}$$

$v_{0.01}$ 为垂直调整因子,可定义为

$$v_{0.01} = \cfrac{1}{1 + \sqrt{\sin\theta}\left(31(1 - e^{-(\theta/(1+\chi))})\cfrac{\sqrt{L_R \gamma_R}}{f^2} - 0.45\right)} \tag{3.50}$$

$$\chi = \begin{cases} 36 - |\varphi|, & |\varphi| < 36° \\ 0, & |\varphi| \geqslant 36° \end{cases}$$

式中:φ 为地面站纬度(°)。$p\%$ 时间概率被超过的雨衰减 A_p(dB)的计算公式如下:

$$A_p = A_{0.01}\left(\frac{p}{0.01}\right)^{-(0.655 + 0.033\ln(p) - 0.045\ln(A_{0.01}) - \beta(1-p)\sin\theta)} \tag{3.51}$$

$$\beta = \begin{cases} 0, & p \geqslant 1\% \ 或\ |\varphi| \geqslant 36° \\ \beta = -0.005(|\phi| - 36), & p < 1\% \ 且\ |\varphi| < 36° \ 且\ \theta \geqslant 25° \\ -0.005(|\varphi| - 36) + 1.8 - 4.25\sin\theta, & 其他 \end{cases}$$

$$\tag{3.52}$$

ITU – R 雨衰减预测方法得到的是雨衰减的年平均累计分布,但由于存在降雨的年际变化,雨衰减也会存在年际变化。ITU – R 模型是依据地空链路雨衰减和对应降雨率统计数据建立的,这些试验数据主要来自北美和欧洲地区,缺少低

纬地区的测量数据,导致模型在低纬地区的适用性尚需进一步检验。同时,ITU - R雨衰减预测结果随仰角存在奇异性变化,如图 3 - 14 所示,为某一地面站 30GHz 星地链路雨衰减随仰角的变化,随着仰角的升高,穿越雨区的传播路径缩短,但预测雨衰减反而增大,这一预测结果的合理性尚未得到实验数据的支持,该现象主要影响卫星仰角较高的低纬地区的雨衰减预测结果。

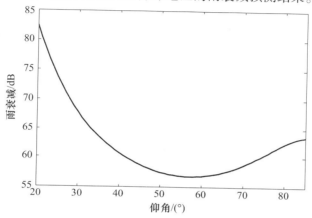

图 3 - 14   ITU - R 雨衰减预测方法的仰角奇异性

3.3.3 中国预测方法

为提高雨衰减预测的精度和可靠性,国际上正在发展全概率的雨衰减预测方法,即直接利用任意时间概率被超过的降雨率预测等概率的雨衰减,在缺少 0.01% 时间概率被超过的降雨率数据时,依然可以进行其他时间概率被超过的雨衰减的预测。中国电波传播研究所赵振维、林乐科和卢昌胜等基于指数雨胞模型,用降雨率调整因子替代路径调整因子,建立了一种新的全概率雨衰减预测方法,以下称为中国方法。该方法已由我国提交国际电联,与包括 ITU - R 预测方法在内的多种预测方法进行了比较,结果表明中国方法具有更好的预测精度,且不存在 ITU - R 方法预测结果随仰角的奇异性,同时,预测过程也更加简便。

中国方法 $p\%$ 时间概率被超过的雨衰减 $A_p(\mathrm{dB})$ 的计算公式如下:

$$A_p = k(r_p R_p)^\alpha L_s \tag{3.53}$$

式中:k 和 α 为计算雨衰减率的系数,计算方法见 3.3.1 节;R_p 为 $p\%$ 时间概率被超过的降雨率(mm/h);r_p 为降雨率调整因子,计算公式如下:

$$r_P = 3.78 R_p^{-0.56+1.51/L_s}\left(1 - 0.85\frac{p^{0.065}}{1+0.12 L_s}\right) \tag{3.54}$$

需要注意的是,当 $r_p \geqslant 2.5$ 时,取 $r_p = 2.5$。表 3 - 11 给出了利用 ITU - R 星/地链路雨衰减试验数据库对中国方法与 ITU 方法的预测误差的比较结果,中国方法的预测精度明显高于 ITU 方法。

表 3 - 11　雨衰减预测模型误差比较

时间概率	预测方法	平均误差/%	均方根误差(RMS)/%	标准偏差(STD)/%
从 0.001% ~1%	ITU - R 方法	- 5. 31	31. 78	31. 33
	中国方法	0. 0025	24. 41	24. 41

3.3.4　最坏月雨衰减

卫星通信系统的性能标准常常依据"最坏月"或"任意月"性能进行评判,雨衰减的余量设计通常也由最坏月雨衰减确定。特别是对于卫星广播业务(BBS),其性能需根据月性能指标进行评判。因此,雨衰减的最坏月统计特征对卫星通信系统具有重要意义。ITU - R 给出的最坏月概念如下。

(1)一年的最坏月中超过给定阈值的时间概率称之为"年最坏月超过阈值的时间概率"。

(2)适用于"任意月"性能标准的统计是对年最坏月超过阈值的时间概率的长期统计平均。

(3)最坏月,即超过给定阈值时间最长的那个月,必须是日历(公历)中的自然月份。对于不同的阈值,最坏月未必为相同月份。

雨衰减预测模型给出的是雨衰减的年平均累计分布,强降雨集中的月份的雨衰减显然要高于年平均雨衰减,有可能造成在降雨最多的月份系统的可通率远低于年平均指标,不能满足应用要求。ITU - R P.841 建议书给出的最坏月时间概率和年统计时间概率的转换公式如下:

$$p_w = Qp \tag{3.55}$$

式中:p_w 和 p 分别为同一阈值下的最坏月时间概率(%)和年统计时间概率(%);Q 函数的计算公式如下:

$$Q = \begin{cases} 12, & p < \left(\dfrac{Q_1}{12}\right)^{\frac{1}{\beta}} \\ Q_1 p^{-\beta}, & \left(\dfrac{Q_1}{12}\right)^{\frac{1}{\beta}} < p < 3 \\ Q_1 3^{-\beta}, & 3 < p < 30 \\ Q_1 3^{-\beta}\left(\dfrac{p}{30}\right)^{\frac{\lg(Q_1 3^{-\beta})}{\lg(0.3)}}, & 30\% < p \end{cases} \tag{3.56}$$

ITU – R P. 841 建议书给出的全球转换参数为 $Q_1 = 2.85$，$\beta = 0.13$。此时，Q 值与年平均概率 p 之间的关系如图 3 – 15 所示，图中虚线为理论上限值。

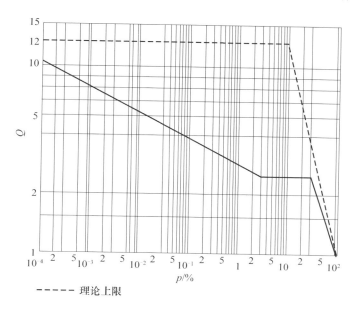

　　　　　　 ----- 理论上限

图 3 – 15　最坏月全球转换参数 Q 与 p 之间的关系[33]

　　中国电波传播研究所的赵振维和林乐科等系统分析了包括我国数据在内的全球降雨率年统计分布和最坏月统计分布特征，提出了全球"热带、亚热带和温带常湿区""温带、极区和戈壁区"两种分区的降雨率最坏月转换方法，并被 ITU – R P. 841 建议书采纳。表 3 – 12 给出了全球降雨率最坏月分区方法的参数，对应的 Q 值与年平均概率 p 的关系如图 3 – 16 所示。

表 3 – 12　全球降雨率最坏月分区参数

气候区	Q_1	β
热带、亚热带和温带常湿区	2.82	0.15
温带、极区和戈壁区	4.48	0.11

　　为了得到更适合我国的降雨率最坏月转换方法，在对我国降雨率年平均统计分布和最坏月统计分布特征进行深入分析的基础上，提出了我国降雨南方区、北方区、戈壁区三种类型的区域划分，分别对应图 3 – 17 中的 1、2 和 3，并给出了对应三个分区的降雨率最坏月转换参数，如表 3 – 13 所列。

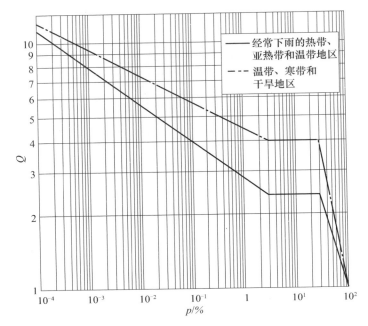

图 3-16　降雨率最坏月全球分区转换参数 Q 与 p 之间的关系[33]

图 3-17　我国降雨率的最坏月分区

表 3 – 13　我国降雨率的最坏月分区参数

地区	Q_1	β
南方区	3.12	0.15
北方区	4.12	0.13
戈壁区	5.40	0.10

在进行最坏月雨衰减的预测时,可以利用最坏月转换的全球参数直接由雨衰减的年统计分布获得最坏月统计分布。此外,由于雨衰减直接与降雨特性有关,也可利用我国分区参数对我国不同地区的最坏月雨衰减进行预测。

3.4　雨衰减频率转换

雨衰减频率转换是指通过一个频率的雨衰减来预测另一个频率的雨衰减,通常利用测量低频率的雨衰减预测高频率的雨衰减。对于卫星通信系统,可以通过测量卫星下行链路的信号来获取卫星下行链路的雨衰减,再利用雨衰减的频率转换方法,估算卫星上行链路的雨衰减,来实施卫星系统的抗衰落措施。在一次降雨事件中,两个频率的雨衰减比值通常是变化的,其变化量一般随雨衰减的增加而增大。雨衰减的频率转换方法分为雨衰减瞬时频率转换方法和雨衰减长期统计频率转换方法,下面分别进行介绍。

3.4.1　雨衰减瞬时频率转换

在测量某一卫星链路频率为 f_1(GHz)信号的瞬时雨衰减 A_1(dB)的情况下,通过雨衰减瞬时频率转换方法,可以预测同一传播路径频率为 f_2(GHz)的卫星信号雨衰减 A_2(dB)的条件概率分布。该方法主要应用于卫星通信系统上行链路功率控制和自适应编码调制等抗衰落技术。该方法适用于频率不超过55GHz的情况,需要频率 f_1 和 f_2 的链路雨衰减的累计分布特征,试验数据表明星地链路雨衰减的累计分布服从对数正态分布,即 $p(A_1>a_1|A_1>0)$ 和 $p(A_2>a_2|A_2>0)$ 分别服从参数为 (μ_1,σ_1) 和 (μ_2,σ_2) 的对数正态分布:

$$p(A_1>a_1|A_1>0)=Q\left(\frac{\ln a_1-\mu_1}{\sigma_1}\right) \tag{3.57}$$

$$p(A_2>a_2|A_2>0)=Q\left(\frac{\ln a_2-\mu_2}{\sigma_2}\right) \tag{3.58}$$

式中: μ_1 和 μ_2 为对数正态分布的均值, σ_1 和 σ_2 为对数正态分布的标准偏差;Q 函数如下:

$$Q(x) = \frac{1}{\sqrt{2\pi}} \int_x^\infty \exp\left(-\frac{t^2}{2}\right) d_t \tag{3.59}$$

令 $p(A_2 > a_2 \mid A_1 = a_1)$ 表示频率为 f_1 的下行链路雨衰减 $A_1 = a_1$(dB)时,频率为 f_2 的上行链路雨衰减 $A_2 > a_2$(dB)的概率。其预测公式如下:

$$p(A_2 > a_2 \mid A_1 = a_1) = Q\left(\frac{\ln(a_2) - \mu_{2/1}}{\sigma_{2/1}}\right) \tag{3.60}$$

同时,当频率 f_1 的雨衰减为 a_1 时,给定时间概率 p 被超过的频率 f_2 的瞬时雨衰减 a_2 的预测公式如下:

$$a_2 = \exp(\sigma_{2/1} Q^{-1}(p) + \mu_{2/1}) \tag{3.61}$$

式中:$\mu_{2/1}$ 和 $\sigma_{2/1}$ 分别表示条件均值和条件标准偏差,其计算公式如下:

$$\mu_{2/1} = \frac{\sigma_2}{\sigma_1}\sqrt{1-\xi^2}\ln(a_1) + \left(\mu_2 - \frac{\sigma_2\mu_1}{\sigma_1}\sqrt{1-\xi^2}\right) \tag{3.62}$$

$$\sigma_{2/1} = \sigma_2\xi \tag{3.63}$$

式中,ξ 为与频率相关的系数:

$$\xi = 0.19 \times \left[\frac{f_2}{f_1} - 1\right]^{0.57} \tag{3.64}$$

该方法的关键是获取卫星上下行链路雨衰减对数正态分布的参数 μ_1 和 σ_1 以及 μ_2 和 σ_2。这些参数可由本地雨衰减的统计结果拟合得到,也可以由前面介绍的雨衰减统计预测方法的计算结果拟合得到。

下面以卫星下行链路为例,说明 μ_1 和 σ_1 的拟合方法。

(1) 首先,获取卫星星地链路上发生降雨的概率 p_{rain}(%),该值可由本地历史降雨数据统计获得或者参考 ITU – R P.837 建议书。

(2) 得到频率 f_1 的卫星下行链路时间概率 $p_{1,i}(i=1,2,\cdots,12)$ 为 0.01、0.02、0.03、0.05、0.1、0.2、0.3、0.5、1、2、3 和 5% 的雨衰减统计结果 $A_{1,i}(i=1,2,\cdots,12)$,该值可由本地雨衰减历史观测数据获得或利用前述雨衰减预测模式计算获得。

(3) 获得雨衰减的条件概率 $p_{1,i}^c = \dfrac{p_{1,i}}{p_{rain}}(i=1,2,\cdots,12)$,并将得到的雨衰减条件概率和对应的雨衰减序列 $[p_{1,i}^c, A_{1,i}]$ 转换成 $[Q^{-1}(p_{1,i}^c), \ln A_{1,i}]$。

(4) 采用最小二乘方法对关系式 $\ln A_{1,i} = \sigma_1 Q^{-1}(p_{1,i}^c) + \mu_1$ 进行拟合,即可得到下行链路雨衰减对数正态分布参数 μ_1 和 σ_1。

以某卫星链路为例,其上行链路频率为 30GHz,下行链路频率为 20GHz。

图 3 - 18 给出了当下行链路瞬时雨衰减为 12dB 时,利用上述方法预测对应的卫星上行链路雨衰减的条件概率分布结果(上行链路:$\mu_1 = 0.1837$,$\sigma_1 = 0.9411$;下行链路:$\mu_2 = 1.0219$,$\sigma_2 = 0.8909$)。

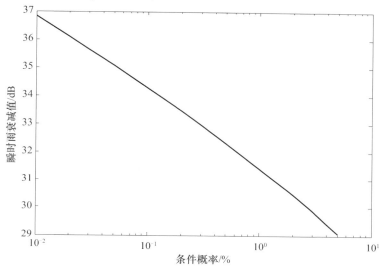

图 3 - 18　卫星上行链路雨衰减条件概率分布预测结果

3.4.2　雨衰减长期统计频率转换

当已知卫星下行链路雨衰减统计结果时,通过雨衰减长期统计频率转换方法,可预测卫星上行链路雨衰减统计结果。该方法适用于频率为 7GHz ~ 55GHz 的情况,卫星上下行链路雨衰减转换公式如下:

$$A_2 = A_1 \left(\varphi_2 / \varphi_1 \right)^{1 - H(\varphi_1, \varphi_2, A_1)} \tag{3.65}$$

式中:A_1、A_2 分别为频率 f_1(GHz)和 f_2(GHz)时的等概率的雨衰减值。且:

$$\varphi_i = \frac{f_i^2}{1 + 10^{-4} f_i^2} \qquad (i = 1, 2) \tag{3.66}$$

$$H(\varphi_1, \varphi_2, A_1) = 1.12 \times 10^{-3} \left(\varphi_2 / \varphi_1 \right)^{0.5} \left(\varphi_1 A_1 \right)^{0.55} \tag{3.67}$$

在卫星通信系统设计时,如果已获得同一传播路径某频率雨衰减的长期测量结果,则可通过该统计频率转换方法得到相同传播路径其他频率的雨衰减的统计预测结果,这一结果的可靠性要高于雨衰减预测模式的预测结果。

在实际使用中,也可采用固定的频率转换比值来简化频率转换计算过程。Sweeney 的研究表明,30GHz 与 20GHz 等概率的雨衰减转换比约为 1.93,Dis-

sanayake 获得的 27.5GHz 与 20GHz 的转换比为 1.85,试验验证表明转换误差
为 ±10%。

3.5 雨衰减动态特性

　　随着卫星通信频率的不断提高,系统设计不但需要雨衰减统计预测,卫星通信系统抗衰落技术的应用和可靠性评估还需要雨衰减动态特性的支撑。地空链路雨衰减的动态特性如图 3 – 19 所示,包括衰落持续期、衰落间隔期和衰落斜率。衰落持续期定义为超过相同衰减门限的两个交点间的时间间隔,衰落间隔期定义为低于相同衰减门限的两个交点间的时间间隔,衰落斜率则定义为衰落随时间变化的速率。卫星通信更加关心雨衰减动态特性中的衰落持续期和衰落斜率,本节分别介绍衰落持续期和衰落斜率的预测方法。

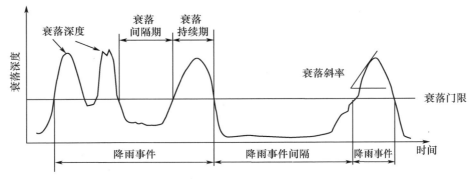

图 3 – 19　地空链路雨衰减动态特性示意图[34]

3.5.1　衰落持续期

　　卫星通信链路雨衰减的衰落持续期统计特征提供由于降雨导致的系统中断或失效的次数和持续时间信息。衰落持续期可用于卫星系统资源分配,并提供了抗衰落系统恢复到正常工作模式前保持补偿状态的统计持续时间。此外,对于卫星通信系统,传播信道通常产生的不是单一误码而是产生误码串,衰落持续期特性会对编码方式的选择提供支撑。

　　衰落持续期一般用两种分布形式进行描述:一种是衰落次数发生概率 $p(T_d > D \mid A > a)$,即链路雨衰减超过门限值 $a(\mathrm{dB})$ 时,持续时间 $T_d > D(\mathrm{s})$ 的衰落事件次数与超过门限的所有衰落事件次数的比值;另一种是衰落累计超过概率 $F(T_d > D \mid A > a)$,即链路雨衰减超过门限 $a(\mathrm{dB})$ 时,衰落持续时间 $T_d > D(\mathrm{s})$ 的衰落时间总和与超过门限的总衰落时间的比值。

ITU – R 采用两段模型来预测衰落持续期,该两段模型包括长衰落的对数正态分布和短衰落的幂指数分布,适用于频率 $10 \leqslant f \leqslant 50 (\mathrm{GHz})$ 和仰角 $5° \leqslant \theta \leqslant 60°$ 内的卫星星地链路衰落持续期预测。当给定的衰减门限为 $a(\mathrm{dB})$ 时,长衰落和短衰落的分界线门限持续期 D_t 决定:

$$D_t = D_0 \exp(p_1 \sigma^2 + p_2 \sigma - 0.39) \tag{3.68}$$

其中

$$D_0 = 80 \theta^{-0.4} f^{1.4} a^{-0.39} \tag{3.69}$$

$$\sigma = 1.85 f^{-0.05} a^{-0.027} \tag{3.70}$$

$$p_1 = 0.885 \gamma - 0.814 \tag{3.71}$$

$$p_2 = -1.05 \gamma^2 + 2.23 \gamma - 1.61 \tag{3.72}$$

$$\gamma = 0.055 f^{0.65} a^{-0.003} \tag{3.73}$$

当衰落持续时间 $1 \leqslant D \leqslant D_t$ 时为短衰落,此时 $p(T_d > D \mid A > a)$ 和 $F(T_d > D \mid A > a)$ 分别为

$$p(T_d > D \mid A > a) = D^{-\gamma} \tag{3.74}$$

$$F(T_d > D \mid A > a) = \left[1 - k \left(\frac{D}{D_t} \right)^{1-\gamma} \right] \tag{3.75}$$

当衰落持续时间 $D > D_t$ 时为长衰落,对应的 $p(T_d > D \mid A > a)$ 和 $F(T_d > D \mid A > a)$ 的预测公式如下:

$$p(T_d > D \mid A > a) = D_t^{-\gamma} \frac{Q\left(\dfrac{\ln(D) - \ln(D_2)}{\sigma} \right)}{Q\left(\dfrac{\ln(D_t) - \ln(D_2)}{\sigma} \right)} \tag{3.76}$$

$$F(T_d > D \mid A > a) = (1 - k) \frac{Q\left(\dfrac{\ln(D) - \ln(D_0)}{\sigma} \right)}{Q\left(\dfrac{\ln(D_t) - \ln(D_0)}{\sigma} \right)} \tag{3.77}$$

其中

$$Q(z) = \frac{1}{\sqrt{2\pi}} \int_z^\infty e^{-\frac{1}{2} x^2} \, \mathrm{d}x \tag{3.78}$$

$$k = \left[1 + \frac{\sqrt{D_0 D_2} (1 - \gamma) Q\left(\dfrac{\ln(D_t) - \ln(D_0)}{\sigma} \right)}{D_t \gamma Q\left(\dfrac{\ln(D_t) - \ln(D_2)}{\sigma} \right)} \right] \tag{3.79}$$

$$D_2 = D_0 \exp(-\sigma^2) \tag{3.80}$$

此外,当衰减超过门限 a 时,衰落持续时间 $T_d > D(s)$ 的衰落总次数 $N(T_d > D \mid A > a)$ 和总衰落时间 $T(T_d > D \mid A > a)$ 的预测公式如下:

$$N(T_d > D \mid A > a) = p(T_d > D \mid A > a) \times N_{\text{tot}}(a) \tag{3.81}$$

$$T(T_d > D \mid A > a) = F(T_d > D \mid A > a) \times T_{\text{tot}}(a) \tag{3.82}$$

式中: $N_{\text{tot}}(a)$ 和 $T_{\text{tot}}(a)$ 分别表示衰减超过门限 a ,衰落持续时间大于 $1s$ 的总衰落事件数和总衰落持续时间。

$T_{\text{tot}}(a)$ 可由本地实测数据统计获得,也可利用预测的雨衰减的累积分布获得, $N_{\text{tot}}(a)$ 则可由下式计算得到:

$$N_{\text{tot}}(A) = T_{\text{tot}}(A) \cdot \frac{k}{\gamma} \cdot \frac{1-\gamma}{D_t^{1-\gamma}} \tag{3.83}$$

与衰落持续期对应的是衰落间隔期,对系统操控而言,一次中断事件后,知道下次中断事件发生前的统计间隔时间是有必要的。试验结果表明,长衰落间隔期统计特征服从对数正态分布,短衰落间隔期与短衰落持续期一样服从幂指数分布,但尚未形成成熟的预测模型和方法。

3.5.2 衰落斜率

衰落斜率即可用于设计跟踪信号变化的控制环路,也可用于更好的预测传播条件的短期变化,对于实施抗衰落技术的卫星通信系统是非常重要的。衰落斜率的概率分布取决于气候参数、雨滴尺寸分布和降雨类型。对于给定的衰减门限,衰落斜率与路径长度成反比,与地空路径的仰角成正比。此外,衰落斜率还与系统参数有关,具有较长积分时间的接收机会减小衰落的瞬时变化。在进行雨衰减的衰落斜率分析时,需要对信号进行低通滤波,以排除对流层闪烁的影响,在进行衰落斜率预测时,也需要考虑所选择的低通滤波器参数。

时刻 t 的衰落斜率 $\zeta(t)(\text{dB/s})$ 的计算公式如下:

$$\zeta(t) = \frac{A\left(t + \frac{1}{2}\Delta t\right) - A\left(t - \frac{1}{2}\Delta t\right)}{\Delta t} \tag{3.84}$$

式中: A 为对应时刻的雨衰减(dB); Δt 为计算衰落斜率的时间间隔(s)。

衰落斜率预测可采用 ITU – R P. 1623 建议书提供的预测方法,对于给定雨衰减值 A ,衰落斜率等于 ζ 的概率密度函数 $p(\zeta \mid A)$ 的计算公式如下:

$$p(\zeta \mid A) = \frac{2}{\pi \sigma_\zeta (1 + (\zeta/\sigma_\zeta)^2)^2} \tag{3.85}$$

衰落斜率超过 ζ 的互补累计分布函数 $F(\zeta \mid A)$ 的计算公式为

$$F(\zeta \mid A) = \frac{1}{2} - \frac{\zeta/\sigma_\zeta}{\pi(1 + (\zeta/\sigma_\zeta)^2)} - \frac{\arctan(\zeta/\sigma_\zeta)}{\pi} \qquad (3.86)$$

衰落斜率超过 ζ 的绝对值的条件概率 $F(\mid\zeta\mid \mid A)$ 的计算公式为

$$F(\mid\zeta\mid \mid A) = 1 - \frac{2(\mid\zeta\mid/\sigma_\zeta)}{\pi(1 + (\mid\zeta\mid/\sigma_\zeta)^2)} - \frac{2\arctan(\mid\zeta\mid/\sigma_\zeta)}{\pi} \qquad (3.87)$$

其中

$$\sigma_\zeta = SF(f_B, \Delta t)A \qquad (\text{dB/s}) \qquad (3.88)$$

$$F(f_B, \Delta t) = \sqrt{\frac{2\pi^2}{(1/f_B + (2\Delta t)^b)^{1/b}}} \qquad (3.89)$$

式中: $b = 2.3$ 为常数; S 为气候和仰角有关参数, 在欧洲和美国对仰角 $10° \sim 50°$ 的总平均值为 0.01; f_B 为低通滤波器 3dB 截止频率, 一般取 $0.001 \sim 1\,\text{Hz}$。该方法适用范围如下: 频率 $10 \leqslant f \leqslant 30(\text{GHz})$, 链路仰角 $10° \leqslant \theta \leqslant 50°$, 雨衰减 $0 < A \leqslant 20(\text{dB})$, 计算衰落斜率的时间间隔 $2 \leqslant \Delta t \leqslant 200(\text{s})$。

中国电波传播研究所的张鑫等人基于我国海口地区 12.25GHz 星地链路雨衰减观测数据, 对模型中的 σ_ζ 进行了重新拟合, 得到新的 σ_ζ 计算公式如下:

$$\sigma_\zeta = S(A) \times \sigma(\Delta t) \qquad (3.90)$$

$$S(A) = -0.0128A^2 + 0.2874A - 0.3104 \qquad (3.91)$$

$$\sigma(\Delta t) = -1.8106 \times 10^{-8}\Delta t^3 + 7.1973 \times 10^{-6}\Delta t^2 - 0.001\Delta t + 0.0839 \qquad (3.92)$$

式(3.91)和式(3.92)中的系数与地域有关, 经实测数据检验, 改进模型在海口地区较 ITU - R 模型具有更好的预测精度。

3.6　雨衰减时间序列

随着卫星通信频率的不断提高, 以雨衰减为代表的链路衰减越发严重。采用预留系统余量的方法已很难补偿链路的传播衰减, 且过高的余量设计会造成资源的浪费, 也会造成对其他系统的干扰。为了优化系统资源, 提高系统抗衰落能力, Ka 频段及以上频段卫星通信系统需要使用自适应抗衰落技术, 如自适应功率控制、自适应调制与编码和自适应速率调整等。自适应抗衰落技术的合理设计和有效实施, 需要获取链路雨衰减的时间序列。受试验条件的限制, 往往只能获取少数站点的雨衰减测量数据, 无法满足卫星系统整个覆盖区域内的抗衰落设计和实施。通过雨衰减时间序列合成方法, 可对任意链路的雨衰减时间序

（5）舍弃所合成的时间序列的前 2×10^5 个采样值（对应滤波器过渡部分）。仿真得到的一段连续采样值大于 0 的时间序列则为雨衰减事件。

图 3 - 21 给出采用该方法合成的频率为 30GHz 某卫星地空链路雨衰减时间序列。研究对比合成雨衰减时间与实测雨衰减表明，所生成的雨衰减时间序列的衰落持续期、衰落斜率和功率谱等特征与实测雨衰减有很好的一致性，证明利用该方法进行雨衰减时间序列合成是可行的。

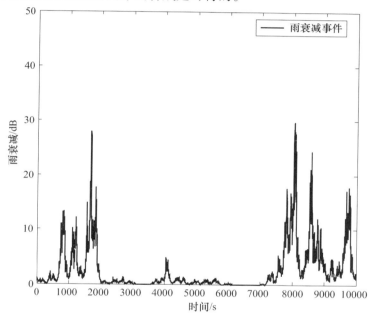

图 3 - 21 卫星地空链路雨衰减时间序列仿真结果

3.7 雨衰减短期预报

雨衰减短期预报对卫星通信系统的抗衰落实施、卫星资源的动态分配具有重要意义，同时也可为相关任务的规划提供辅助决策。根据雨衰减短期预报的时间尺度不同，一般将雨衰减短期预报分为雨衰减实时预报（秒到分量级）和雨衰减区域短期预报（小时到日量级）。前者主要为系统抗衰落实施提供支撑，后者则可以为卫星资源分配、任务规划提供辅助决策支持。

雨衰减的实时预报利用前一个或几个时间点的雨衰减值，预报下一时段的雨衰减，系统可以根据实时预报的雨衰减值及时实施衰落补偿，达到抗衰落的目的。早期的雨衰减实时预报方法以基于马尔科夫过程的单采样和双采样模型为

卫星系统电波传播

代表,近年来,相继发展了基于线性拟合方法、灰色理论、自适应滤波以及神经网络等的雨衰减实时预报方法。彩图 3 - 22 给出了一个采用灰色系统理论进行雨衰减实时预报的示例,预报时间间隔为 10s。

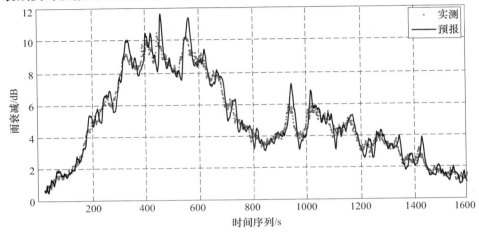

图 3 - 22 基于灰色理论的雨衰减实时预报示例

随着气象数值预报技术的发展和预报可靠性的提高,基于数值天气预报和气象雷达观测的雨衰减区域短期预报技术得到研究,可实现提前数小时到数天的雨衰减区域短期预报。根据雨衰减区域分布的预报结果可实现卫星系统资源的动态分配。彩图 3 - 23 给出了一个雨衰减区域预报结果示例。

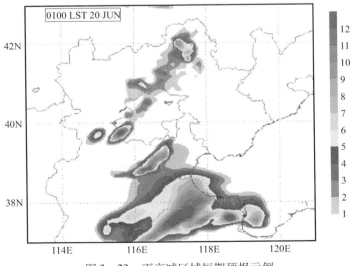

图 3 - 23 雨衰减区域短期预报示例

3.8　降雨去极化效应

卫星通信系统的电波信号在地空路径上传播时,电波的极化方向可能会发生偏转,这种情形称为去极化。对于采用正交极化技术的卫星通信系统,去极化效应是影响正交信道性能的关键因素。产生去极化的物理机理是多种多样的,晴空大气时,地面反射,大气层结反射,尤其是多径传播等会引发去极化。降雨期间,雨滴的散射会导致交叉极化效应。对于 10GHz 以上的卫星通信系统,降雨的去极化效应是引起系统去极化的重要因素。本节主要介绍卫星信号的降雨去极化效应和预测方法。

3.8.1　去极化效应的表征

传播介质的去极化效应使得采用线极化和圆极化的卫星电波信号的极化方式变为椭圆极化。电波的极化特性可由以下参数表征。

①　旋转方向(逆着电波传播方向看):右旋与左旋;

②　极化轴比:极化椭圆的长短轴的幅度比;

③　极化椭圆倾角:极化椭圆相对于传播方向坐标系的倾角。

通常采用交叉极化鉴别度(Cross - Polarization Discrimination, XPD)和交叉极化隔离度(Cross - Polarization Isolation, XPI)描述电波的去极化特征。以线极化波为例,如图 3 - 24 所示,交叉极化鉴别度和交叉极化隔离度的定义如下。

(1)交叉极化鉴别度,记为 XPD。发射某一极化电波时,接收端接收到的同极化信号功率与正交极化功率之比值定义为 XPD(dB)即:

$$XPD = 20\lg \frac{E_{11}}{E_{12}} \qquad (3.97)$$

(2)交叉极化隔离度,记为 XPI。发射端在两正交的极化方向上,发射具有相同功率的电波,在某一极化方向上接收到的同极化波与交叉极化波的功率之比值定义为 XPI(dB),即:

$$XPI = 20\lg \frac{E_{11}}{E_{21}} \quad 或 \quad 20\lg \frac{E_{22}}{E_{12}} \qquad (3.98)$$

当传输信号具有相同电场幅度($E_1 = E_2$)时,并且接收系统引起的去极化可以忽略时,XPD 和 XPI 的度量结果是一样的。需要说明的是,式(3.97)和式(3.98)是针对线极化的情况,但关于 XPD 和 XPI 的定义适用于正交极化的任何其他系统。在地空传播中常采用 XPD 进行极化特性衡量。

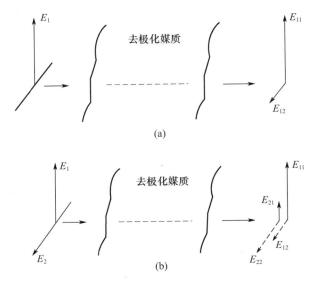

图 3 – 24　去极化特征示意图
（a）交叉极化鉴别度（XPD）；（b）交叉极化隔离度（XPI）。

3.8.2　卫星信号的雨致去极化机理

　　球形雨滴不会引起去极化效应，即使雨滴是扁椭球体，只要雨滴的轴线与垂直或水平极化波的极化电场相重合，也不会引起去极化效应。但当雨滴的轴线与电波传播方向相倾斜时，由于电场的垂直分量和水平分量通过雨滴的路径长度不同，使得两个电场分量的衰减和相位偏移存在差别，即存在差分衰减和差分相位偏移，从而使出射波的极化状态与入射波不同，产生交叉极化效应。研究表明在低频段差分相移是引起去极化主要原因，而在 30 ~ 90GHz 频段，差分衰减是引起去极化的主要原因。可见，雨致交叉极化是由于雨滴轴线与传播方向的偏移引起的，它与路径仰角和雨滴倾角有关，且雨滴倾角是最重要的影响因素（图 3 – 7）。雨滴倾角由空气的流动产生并且是随机的，研究表明雨滴的倾斜角服从高斯分布，其均值和标准偏差与降雨率有关并随地域的不同而不同。Oguchi 提出雨滴的倾角 σ、γ 与雨滴的尺寸无关，σ 和 γ 服从高斯分布且相互独立，是现在雨致交叉极化算法中最常采用的倾角分布模型。

3.8.3　雨致交叉极化预测方法

　　对于雨致交叉极化效应，国际上开展了广泛的理论和试验研究。研究发现雨致交叉极化鉴别度与同极化衰减有很好的相关性，对于相同时间概率，雨致交

叉极化和同极化衰减存在以下半经验关系:

$$XPD = U - V\lg[A] \tag{3.99}$$

式中:XPD 和 A 分别表示相同时间概率被超过的交叉极化鉴别度(dB)和同极化雨衰减(dB);U 和 V 为待定参量,不同的预测方法主要表现在 U 和 V 的不同。以下分别介绍国际电联推荐的雨致交叉极化预测方法(ITU – R 预测方法)和我国提交国际电联的一种改进预测方法(中国预测方法)。

1. ITU – R 预报方法

ITU – R P.618 建议书提供了地空链路雨致交叉极化的预测方法,适用于频率 $6 \leqslant f \leqslant 55$(GHz)且仰角 $\theta \leqslant 60°$ 的情况。$p(\%)$ 时间概率被超过的交叉极化鉴别度 XPD_p(dB)计算公式如下:

$$XPD_p = XPD_{rain} - XPD_{ice} \tag{3.100}$$

式中:XPD_{ice} 为冰晶相关项,$XPD_{ice} = XPD_{rain} \times (0.3 + 0.1\lg p)/2$;$XPD_{rain}$ 为降雨引起的交叉极化鉴别度项(dB),$p(\%)$ 时间概率被超过的 XPD_{rain} 的计算公式如下:

$$XPD_{rain} = C_f - C_A + C_\tau + C_\theta + C_\sigma \tag{3.101}$$

其中,频率相关项 C_f(dB)的计算公式如下:

$$C_f = \begin{cases} 60\lg f - 28.3, & 6 \leqslant f < 9\,GHz \\ 26\lg f + 4.1, & 9 \leqslant f < 36\,GHz \\ 35.9\lg f - 11.33, & 36 \leqslant f \leqslant 55\,GHz \end{cases} \tag{3.102}$$

雨衰减相关项 C_A(dB)的计算公式如下:

$$C_A = V(f)\lg A_p \tag{3.103}$$

$$V(f) = \begin{cases} 30.8f^{-0.21}, & 6 \leqslant f < 9\,GHz \\ 12.8f^{0.19}, & 9 \leqslant f < 20\,GHz \\ 22.6, & 20 \leqslant f < 40\,GHz \\ 13.0f^{0.15}, & 40 \leqslant f < 55\,GHz \end{cases} \tag{3.104}$$

式(3.103)中:A_p 为 $p(\%)$ 时间概率被超过的雨衰减,也称为同极化雨衰减,可采用历史统计结果或者模型预测结果。

C_τ(dB)为与极化倾角相关的极化改善因子,计算公式如下:

$$C_\tau = -10\lg[1 - 0.484(1 + \cos 4\tau)] \tag{3.105}$$

当 $\tau = 0°$ 时,$C_\tau = 0$;当 τ 为 $45°$ 后者 $90°$ 时,C_τ 达到最大值 $15\,dB$。

C_θ(dB)为仰角相关项,计算公式如下:

$$C_\theta = -40\lg(\cos\theta) \tag{3.106}$$

$C_\sigma(\mathrm{dB})$ 为雨滴倾角相关项,计算公式如下:

$$C_\sigma = 0.0053\sigma_0^2 \tag{3.107}$$

式中:σ_0 为雨滴倾角分布的标准偏差(°)。对应 1%、0.1%、0.01% 和 0.001% 时间概率被超过的 σ_0 值分别为 0°、5°、10° 和 15°。

2. 中国方法

赵振维、林乐科等在对雨致交叉极化理论模型进行二阶小变量近似的基础上,结合国际电联雨致交叉极化数据对参数进行拟合,提出了一种改进的雨致交叉极化预测方法并提交国际电联检验,以下称中国方法。中国方法与 ITU-R 方法相比,在计算 $\mathrm{XPD_{rain}}$ 时,增加了一个二阶量 $\Delta\mathrm{XPD}$,建立了频率相关项 C_f 和雨衰减相关项 C_A 的新计算公式:

$$\mathrm{XPD_{rain}} = C_f - C_A + C_\tau + C_\theta + C_\sigma + \Delta\mathrm{XPD} \tag{3.108}$$

$$C_f = 20 + 11\lg f \tag{3.109}$$

$$C_A = 21.7\lg A_p \tag{3.110}$$

$$\Delta\mathrm{XPD} = -0.085 A_p \cos^2\theta\cos2\tau e^{-0.00061\sigma_0^2} \tag{3.111}$$

3.8.4 雨致交叉极化的频率转换

通过雨致交叉极化的频率转换模型,可由一个频率和极化倾角的 XPD 长期统计结果 $\mathrm{XPD_1}$,预测另一个频率和极化倾角的 XPD 值 $\mathrm{XPD_2}$,$\mathrm{XPD_1}$ 和 $\mathrm{XPD_2}$ 对应同一时间概率。转换公式为

$$\mathrm{XPD_2} = \mathrm{XPD_1} - 20\lg\left[\frac{f_2\sqrt{1-0.484(1+\cos4\tau_2)}}{f_1\sqrt{1-0.484(1+\cos4\tau_1)}}\right] \tag{3.112}$$

式中:f_1、τ_1 和 f_2、τ_2 分别为不同的频率和极化倾角。

式(3.112)的使用范围为 $4\le f_1,f_2\le30$。由于式(3.100)适用的频率范围为 6~55GHz,因此,频率在 4~6GHz 之间的 XPD 可以通过 6GHz 的预测结果结合式(3.112)获得。

3.9 其他传播效应

3.9.1 湿天线衰减

降雨时会在天线反射面、天线罩、喇叭盖上形成积水,造成卫星信号的衰减,

同时,天线和馈源表面的积水薄膜对电波的折射导致的散焦也会使天线接收性能下降。上述降雨导致的额外衰减,统称为湿天线衰减。实验指出,湿天线衰减随着雨衰减的增大而增大并最终达到一个最大值,20GHz 和 27GHz 地空链路的天线积水衰减分别可达到 6dB 和 8dB。由于湿天线衰减试验数据非常有限,并且湿天线衰减与天线类型、降雨类型、风速风向以及天线仰角等一系列因数相关,建立湿天线衰减模型较为困难。实际上,在地空链路雨衰减预测模型中已经包含了湿天线衰减。

3.9.2   沙尘衰减

电波的沙尘衰减机理与云雨衰减的机理类似,在微波频段,沙尘粒子衰减可以用瑞利散射理论进行计算,在毫米波及更高频段,可用 Mie 理论对沙尘粒子的衰减进行计算。受试验数据的限制,对沙尘暴衰减的研究主要在理论层面,理论研究表明沙尘暴的衰减率与沙尘暴的能见度成反比,衰减率与沙尘的含水量密切相关。如能见度为 100m 的干沙尘暴,其在 14GHz 和 37GHz 的衰减率分别为 0.03dB/km 和 0.15dB/km,对于具有同样粒径分布,含水量为 20% 的沙尘暴,相应的衰减率约为 0.65dB/km 和 1.5dB/km。已有研究表明,对于 Ka 以下频段,沙尘暴对卫星信号的影响较小,对于 30GHz 以上频段,高浓度和高含水量的沙尘暴会对卫星信号产生显著衰减。

3.10   大气综合衰减

对于 Ka 及以上频段的卫星通信系统,在考虑雨衰减的同时,还需考虑大气吸收衰减、闪烁衰落、云衰减等的综合影响,ITU – R 给出的 $p(\%)$ 时间概率被超过的大气综合衰减 $A_T(p)$(dB)的预测公式如下:

$$A_T(p) = A_G(p) + \sqrt{(A_R(p) + A_C(p))^2 + A_S^2(p)} \qquad (3.113)$$

当 $p\% < 1\%$ 时,有

$$A_C(p) = A_C(1) \qquad (3.114)$$

$$A_G(p) = A_G(1) \qquad (3.115)$$

式中:$A_R(p)$、$A_C(p)$、$A_G(p)$ 和 $A_S(p)$ 分别表示 $p(\%)$ 时间概率被超过的雨衰减、云衰减、大气衰减和闪烁衰减。

3.11   预测模型中的电波环境数据

电波环境是影响电波传播的空间环境因素的集合,对流层电波环境通常也称为无线电气象环境。电波传播预测的可靠性在很大程度上取决于模型输入的环境参数的可靠性。传统的无线电气象参数一般采用分区参数和经验模型,不够准确,且造成分区边界预测结果的不连续。为了提高电波环境参数的精度和可靠性,国际上利用长期的地面和探空气象观测数据和再分析气象数据,形成大气温度、湿度、气压、大气折射率、折射率梯度、降雨率、云积分含水量和积分水汽含量等电波环境数字地图,提高了电波环境参数的准确性。

3.11.1 ITU-R 电波环境数字地图

ITU-R 在欧洲中尺度数值天气预报中心(European Centre for Medium - Range Weather Forecasts,ECMWF)1978—1994 年再分析数据 ERA-15 的基础上,建立了传播预测所需的各类电波环境参数的数字地图文件,其中与地空传播特性预测相关的电波环境参数如表 3-14 所列。在这些数字地图文件中,空间位置由行列数导出,空间关系由格网的相邻关系隐含表达。因此,只要知道了格网的起点、尺寸和行列数,可以很方便地定位某一经/纬度处的参数值。图 3-25 给出了 0.01% 时间概率被超过的降雨率和 1% 时间概率被超过的水汽积分含量的全球统计数字地图。

表 3-14 ITU-R 地空传播特性预测相关的主要电波环境数字地图[52]

ITU-R 建议	数据变量	栅格精度	空间内插方法	时间概率内插方法	变量内插方法
P. 839	零度层高度	$1.5° × 1.5°$	双线性内插	—	—
P. 837	降雨率累计分布	$0.25° × 0.25°$	双线性内插	半对数内插	—
P. 1511	海拔高度	$0.5° × 0.5°$	双立方内插	—	—
P. 836	水汽柱积分含量	$1.125° × 1.125°$	双线性内插	半对数内插	线性内插
P. 836	地表水汽密度	$1.125° × 1.125°$	双线性内插	半对数内插	线性内插
P. 1510	地表年平均温度	$0.75° × 0.75°$	双线性内插	—	—
P. 453	折射率湿项	$0.75° × 0.75°$	双线性内插	—	—
P. 840	云积分含水量	$1.125° × 1.125°$	双线性内插	半对数内插	线性内插

3.11.2 我国电波环境数字地图

中国电波传播研究所利用我国及周边地区 1000 余个地面气象站和 100 余个气象探空站的 1991—2000 年长期观测数据,结合我国观测数据台站分布特

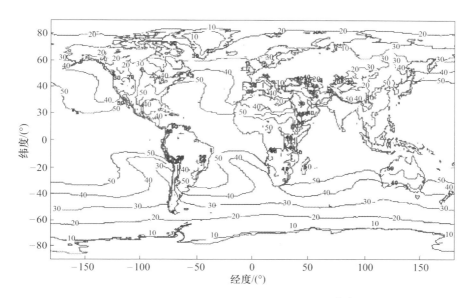

图 3 - 25　ITU - R 电波环境数字地图示例[53]

(1% 时间概率被超过的积分水汽含量)

点,建立了我国 11 种对流层电波环境参数的数字地图。我国对流层电波环境数字地图比 ITU - R 数字地图更好地反应了我国的气候特点,图 3 - 26 给出了我国电波环境数字地图的示例。

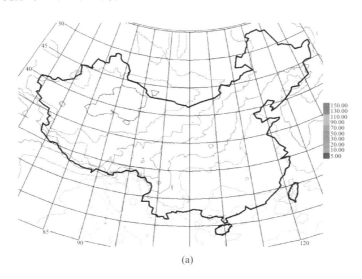

(a)

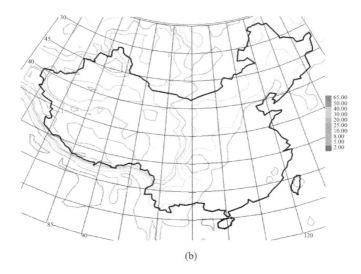

(b)

图 3 – 26　我国电波环境数字地图示例

（a）0.01% 时间概率被超过的降雨率；（b）1% 时间概率被超过的积分水汽含量。

3.11.3　电波环境参数选择的原则

电波环境参数的精度直接影响传播预测结果,由不同数据资源获得的电波环境参数存在差异性,因此,合理选择电波环境参数,能够提高传播预测的精度和可靠性。在进行我国电波传播效应预测时,电波环境参数的获取可遵循以下顺序:

（1）由当地长期气象观测数据(10 年以上)得到所需环境参数的累积分布;

（2）由我国长期气象观测数据(10 年以上)生成的电波环境数字地图,通过插值得到所需地区的环境参数;

（3）利用 ITU – R 电波环境数字地图,通过插值得到所需地区的环境参数。

彩图 3 – 27 给出了由 ITU – R 与我国统计数据生成的 0.01% 时间概率被超过的降雨率数字地图的对比,ITU – R 的降雨率分布基本按纬度由南向北减小,且在干旱的新疆喀什地区有一个高降雨率分布中心,与实际情况存在较大差异,利用我国实测数据生成的数字地图,可以更好地反应了我国降雨由东南向西北减小的气候特征。

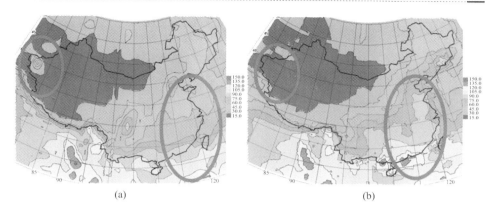

(a)   (b)

图 3 – 27　0.01% 时间概率被超过的降雨率数字地图比较

（a）ITU – R 生成；（b）我国统计数据生成。

参考文献

[1] 邹进上,刘长盛,刘文保. 大气物理基础. 北京:气象出版社,1982.

[2] Prupacher H R, Pitter H R. A semi – empirical determination of the shape of clouds and rain drops. J. Atmos. Sci. , 28, Jan. pp. 86 – 94, 1971.

[3] Gunn R, Kinzer G D. The terminal velocity of fall for water droplets in stagnant air. J. Meteorol . , vol. 6, pp243 ~ 248,1949.

[4] Laws J O and Parsons D A. The relation of raindrop size to intensity. Trans. Am. Geophys. Union , 1943, 24, 452 – 460.

[5] Marshall J S and Palmer W M. The distribution of raindrops with size. J. Meter. , 1948, 5, 165 – 166.

[6] Joss J and Thams J C, and Waldvogel A. The variation of Raindrop size distributions at Lacarno. Toronto: Proc. of the intern . cof. on Cloud Physics, 1968, 369 – 373.

[7] Jones D M A. The shape of raindrops. J. Meteorol. , Oct. 1959, 16, 504 – 510.

[8] Maitra A and Gibbins C J. Modeling of raindrop size distributions from multiwavelength rain attenuation measurements. Radio Sci, 1999, 34(3),657 – 666.

[9] Crane R K. A two – component rain model for the prediction of attenuation statistics. Radio Science. Vol17, No17, 1371 – 1387.

[10] Riva C. Spatial characteristics of propagation parameters: a review. COST Action 280, 2002.

[11] Capsoni C, Fedi F, Magiatroni C et al. Data and theory for a new model of the horizontal structure of rain cells for propagation applications. Radio Science. Vol22 No3 395 – 404. May – June 1987.

[12] Laurent Feral. HYCELL – A new hybrid model of the rain horizontal distribution for propagation studies: 1. Modeling of the rain cell. Radio Science Vol. 38, No. 3, 2003.

[13] Laurent Feral. HYCELL – A new hybrid model of the rain horizontal distribution for propagation studies: 2. Statistical modeling of the rain rate field, Radio Science, Vol. 38, No. 3, 2003.

[14] 胡大璋. 青岛地区雨滴尺寸分布模型. 第五届全国毫米波、亚毫米波会议,1991:243 – 246.

[15] 赵振维. 广州地区雨滴尺寸分布模型及雨衰减预报. 电波科学学报,1995,10(4):33 – 37.

[16] 仇盛柏,陈京华. 广州雨滴尺寸分布. 电波科学学报,1995,10(4):73 – 77.

[17] 仇盛柏,陈京华. 我国典型地区不同积分时间降雨率的换算公式. 电波科学学报,1997,12(1):112 – 117.

[18] 林乐科,赵振维,刘玉梅. 我国不同积分时间降雨率的统一转换模式. 电波科学学报,2002 年,17(6):641 – 645.

[19] ITU – R Document 3J/59 – E, Conversion of rain rate statistics to various rain gauge integration times, ITU – R Study Group meeting, Geneva, 1999.

[20] Rec. ITU – R P 837 – 6, Characteristics of precipitation for propagation modelling, , 2012.

[21] Ray P S. Broadband complex refractive indices of ice and water. Appl. Opt. , 1972, 11(8), 1836 – 1844.

[22] Debye P. Polar molecules Dover, New – York, 1929.

[23] Manabe T H, Liebe J and Hufford G A. Complex permitivity of water between 0 and 30THz. Lake Buena Vista, FL: in conf. Dig. 12th Int. Conf. Infrared and millimeter Wave, Dec, 1987, 14 – 18.

[24] Ulaby F T, Moore R K and Fung A K. Microwave Remote Sensing. Vol. 1, Addison – Westley Publishing company, 1981.

[25] Altshuler E A and Marr R A. Cloud attenuation at millimeter wavelength. IEEE Trans, Antennas Propag, vol. 37(12), pp. 1473 – 1479, 1989.

[26] Liebe H J, Manabe T and Hufford G. Millimeter – wave attenuation and delay rates due to fog/cloud condition. IEEE Trans,Antennas Propag. , 1989, 37(12), 1617 – 1623.

[27] Staellin D H. Measurements and interpretation of the microwave spectrum of terrestrial atmosphere near 1 – cm wavelength. J. Geophys. Res. , 1966, 71, 2875 – 2881.

[28] 中国科学院大气物理研究所微波遥感组. 中国晴空和云雨天气的微波辐射和传播特性. 北京:国防工业出版社,1981.

[29] 赵振维,吴振森,沈广德,等. 一种计算云雾毫米波衰减的经验模式. 电波科学学报,2000,15(3):300 – 303.

[30] Rec. ITU – R P 840 – 5, Attenuation due to clouds and fog, 2012.

[31] Zhao Zhenwei and Wu Zhensen. Millimeter – wave attenuation due to fog and clouds. International Journal of Infrared and millimeter waves, 2000, 21(10), 1607 – 1616.

[32] Rec. ITU – R P 838 – 3, Specific attenuation model for rain for use in prediction methods,2005.

[33] ITU – R Recommendation P. 841 – 5. Conversion of annual statistics to worth – minth statistics. Geneva. ITU – R, 2016.

[34] Rec. ITU – R P. 1623 – 1. Prediction method of fade dynamics on Earth – space paths, 2005.

[35] 赵振维,张鑫,林乐科,等. 海口地区衰落斜率统计分析. 电波科学学报,2012 年,27(5):906 – 912.

[36] Zhang Xin, Zhao Zhenwei, Lin Leke, et al. Rain Fade Slope on 12. 5GHz Earth – space Link at Qingdao. Proceedings of ICMMT2012 (2012 International Conference on Microwave and Millimeter Wave Technology) Shenzhen, China, May 6 – 8, 2012.

[37] Rec. ITU – R P. 1853 – 1. Tropospheric attenuation time series synthesis, 2012.

［38］李磊,杨瑞科,赵振维. 长春和新乡雨衰时间序列的马尔科夫链模拟. 电波科学学报,2012 年,Vol. 27,No. 3,pp. 476 – 481.

［39］Page A J, Watson R J and Watson P A. Time – series of attenuation on EHF and SHF fixed radio links de-rived from meteorological forecast and radar data. IEE Proceedings on Microwaves, Antennas and Propaga-tion, 152(2):124 – 128, April 2005.

［40］Grover A, Kapoor A, Horvitz E. A Deep Hybrid Model for Weather Forecasting. Knowledge Discovery and Data Mining, 2015.

［41］Max van de Kamp. M. M. J. L. Rain attenuation as a markov process:how to make anevent. cost 280, 2nd Int. Workshop of COST Action 280, Estec,Netherlands, 2003. 1 – 8.

［42］黄际英,陈丽虹. 毫米波段降雨引起的总场衰减与去极化. 电波科学学报,1993, 8(3):30 – 39.

［43］赵振维. 利用雨致差分衰减研究毫米波交叉极化. 电波科学学报,1991,6(1,2):153 – 156.

［44］赵振维. 雨致交叉极化理论的二阶小变量近似及交叉极化预测. 电波科学学报, 1990, 5(3): 52 – 58.

［45］Oguchi T. Scattering properties of Pruppacher – and – Pitter form raindrops and cross – polarization due to rain. calculations at 11, 13, 19. 3, and 34. 8 GHz, Radio Sci. , Vol. 12, No. 1, pp. 41 – 51, 1977.

［46］Saunders M J. Cross polarization at 18 and 30 GHz due to rain. IEEE Trans Antennas Propagat. , 19, 273 – 277, 1971.

［47］谢益溪,拉菲涅特 J,蒙 J P,等. 电波传播——超短波·微波·毫米波. 北京:电子工业出版社,1990.

［48］Blevis H C. Losses due to rain on radomes and antenna reflecting surfaces. IEEE Trans. Antennas Propa-gat. , vol. AP – 13, pp. 175 – 170, Jan. 1965.

［49］Ruze J. More on wet radomes. IEEE Trans. Antennas Propagat. , 1965,AP – 13:823 – 824.

［50］Islam M R,Tharek A D,Din J,et al. Measurement of wet antenna effects on microwave propagation – an analytical approach. Microwave Conference, 2000 Asia – Pacific, pp. 1547 – 1551, Dec. 3 – 6, 2000.

［51］Kharadly M M Z and Ross R. Effect of wet antenna attenuation on propagation data statistics. IEEE Trans. Antennas Propag. , vol. 49, no. 8, pp. 1183 – 1191, Aug. 2001.

［52］Rec. ITU – R P. 1144 – 9. Guide to the application of the propagation methods of Radiocommunication Study Group 3, 2017.

［53］Rec. ITU – R P. 836 – 5. Water vapour:surface density and total columnar content, 2013.

［54］刘玉梅,赵振维,林乐科. 中国电波环境数字地图研究. 电波科学学报,2004,19 卷增刊:190 – 192.

［55］Zhao Z W, Liu Y M, Lin L K, Study on radiometeorological grid data in China, Third CNES Workshop on Earth – space Propagation. France, 2006.

［56］吕兆峰, 林乐科, 张鑫,等. 基于灰色系统理论的雨衰减短期预报方法研究. 微波学报, 2016, 32 (5):80 – 83.

［57］张守宝, 王景伟, 吕兆峰,等. 一种基于 WRF 模式的雨衰减短期预报方法初探. 电波科学学报, 2017, 32(1).

第4章 地表反射与本地环境效应

随着卫星通信、导航、遥感等非对地静止轨道（Non‐GEO）卫星系统的快速发展，以及陆地、航空和海上移动终端的广泛使用，移动卫星业务系统的可靠性必须充分考虑移动卫星系统的传播特性。由于移动卫星业务电波传播路径仰角和使用环境的不断变化，移动终端一般采用宽波束天线，这种天线能够接收到不同方向的来波信号，包括直达信号、地海面的反射信号、各种物体的反射以及散射信号等。此外，路边建筑、树木等还会对卫星信号造成遮蔽。因此，与固定卫星业务不同，移动卫星系统除需考虑固定卫星业务的传播效应外，还必须考虑地表反射和本地地形地物等环境影响。

4.1 概 述

移动卫星系统为终端用户提供通信和导航等移动卫星业务，理论上只需3颗 GEO 卫星，通过适当配置，就可以实现除极区附近以外的全球覆盖。国际海事卫星组织（Inmarsat，后更名为国际移动卫星组织）管理的 Inmarsat 系统，就是利用 GEO 卫星系统为全球的海、陆、空用户提供通信服务。其中，第三代卫星 Inmarsat‐3 的卫星位置如图4‐1所示。由于点波束和双极化技术的引入，Inmarsat‐3 可以动态的进行功率和频率分配，大大提高了卫星信道资源的利用率。Inmarsat 不断有新的卫星发射，其中，2013年和2015年发射使用 Ka 频段的3颗 Inmarsat‐5 卫星。

GEO 卫星用于移动卫星业务的主要缺点是大的信号衰减和长的传播延迟。为了避免这些问题，大部分移动卫星业务采用了低轨道（LEO）或中轨道（MEO）卫星，如铱星（Iridium）、全球星（Globalstar）、全球定位系统（GPS）和我国北斗导航卫星系统等。其中，铱星系统由66颗 LEO 卫星组成，为全球用户提供移动通信业务。它具有6个轨道平面，每个平面上有11颗卫星，轨道倾角为86°，属于极轨卫星。铱星系统如图4‐2所示。

根据移动地面站所处环境，全球移动卫星业务又分为海事移动卫星业务、陆地移动卫星业务和航空移动卫星业务。不同的移动卫星业务，用户终端所处环

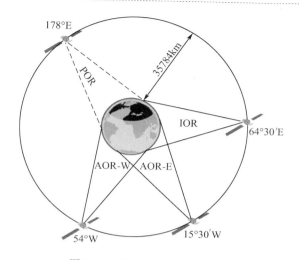

图 4 - 1　Inmarsat - 3 卫星位置

（转引自 http://commons. wikimedia. org/wiki/Image：Satellite_coverage. jpg）

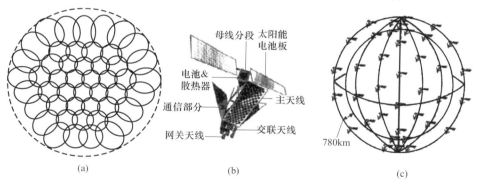

图 4 - 2　铱星系统的点覆盖、卫星、空间星座[2]

境具有很大差异,受到的传播影响也显著不同。海事移动卫星业务主要受海面反射信号影响,而陆地移动业务除考虑地面反射的影响外,还需考虑周边山体、植被和建筑物等本地环境的影响,特别是周边植被和建筑物会对直达波信号造成遮蔽,产生严重的衰减。

　　由于地表反射,信号会从不同方向、多条路径到达接收机,造成直达波信号、镜反射和漫反射信号的叠加,导致接收信号的多径衰落。此外,多径传播还会造成码间串扰,严重影响通信质量。多径衰落和当地环境对直达波信号不同程度的遮蔽和阻挡效应,导致移动地面站接收信号剧烈和快速的衰落,是影响移动卫星系统性能的主要因素。信号衰落的强度通常用衰落深度表征,$p\%$ 时间概率（或路程）被超过的衰落深度定义为直达波信号电平与 $(100 - p)\%$ 时间概率被超过的信号电平的差值(dB 值)。表 4-1 是某次试验中测量到的信号衰落深度。

表 4-1　某次试验中测量的衰落深度

时间概率/%	0.1	1	5	10	30	50	90	99	99.9
衰落深度/dB	31	25.46	18.97	8.15	2.312	0.1072	-0.3646	-1.209	-2.327

本章主要介绍海事移动卫星业务、陆地移动卫星业务和航空移动卫星业务的多径和遮蔽效应的衰落预测方法,以及降雨衰减对移动卫星业务的影响。

4.2　海事移动卫星业务的电波传播效应

海事移动卫星业务可以为大中型的远洋船只、沿海和内河的小型船只、渔船、游艇、救生艇等提供通信导航服务,此外,还可为海军舰船和海上钻井平台提供通信导航服务。近一个世纪以来,海事移动卫星系统为海上商业和救援提供了很大的帮助。海事移动卫星业务受海面反射和散射的影响严重,尤其是对于宽波束天线,这种效应会更加显著。本节主要介绍海面反射引起的衰落效应以及相邻卫星之间干扰效应的预测方法。

4.2.1　海面反射衰落效应

海事移动卫星业务的用户终端位于海上,其接收信号包括直达波信号和海面反射信号,其中,反射信号又包括镜反射分量(相干分量)和漫反射分量(非相干分量),合成信号电平幅度满足 Nakagami-Rice 分布,又称莱斯分布。莱斯分布的概率密度函数为

$$p(x) = \frac{x}{\sigma^2} e^{-\frac{x^2+a^2}{2\sigma^2}} I_0\left(\frac{xa}{\sigma^2}\right) \tag{4.1}$$

式中:$2\sigma^2$ 为随机矢量的平均功率(W);a^2 为固定矢量的功率(W);$I_0(\cdot)$ 为零阶第一类修正贝塞尔函数。

如果假设固定矢量和随机矢量的功率和为常数 1,即 $a^2 + 2\sigma^2 = 1$,设 α 为随机矢量在总功率中所占的比例,即 $\alpha = 2\sigma^2$,则以 α 为参数、总功率为 1 的莱斯分布曲线如图 4-3 所示。

下面介绍的海面反射衰落的预测方法适用于频率 $0.8\text{GHz} \leqslant f \leqslant 8\text{GHz}$、卫星仰角 $5° \leqslant \theta \leqslant 20°$、极化条件为圆极化、海浪浪高为 $1\sim3\text{m}$ 的情况。设直达波信号功率为 0,相对于直达波的海面反射波平均非相干功率 P_r(dB)可以表示为

$$P_r = G + R + \eta_l \text{(dB)} \tag{4.2}$$

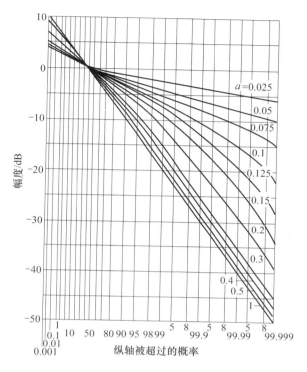

图 4 - 3　恒定总功率的莱斯分布(参数为 α)[3]

式中: G 为镜反射方向的相对天线增益(dBi),由式(4.3)计算; R 为圆极化波反射系数的幅度(dB),由式(4.4)计算; η_I 为标准漫反射系数(dB),可从图 4 - 4 中获取。

$$G = -4 \times 10^{-4}(10^{G_m/10} - 1)(2\theta)^2 \qquad (4.3)$$

$$R = 20\lg|R_C| \qquad (4.4)$$

式中: G_m 为天线最大增益值(dB); R_C 为圆极化的菲涅尔反射系数,可定义为

$$R_C = \frac{R_H + R_V}{2} \qquad (4.5)$$

式中: R_H 和 R_V 分别为水平极化波和垂直极化波的反射系数,可定义为

$$R_H = \frac{\sin\theta - \sqrt{\eta - \cos^2\theta}}{\sin\theta + \sqrt{\eta - \cos^2\theta}} \qquad (4.6)$$

$$R_V = \frac{\sin\theta - \sqrt{(\eta - \cos^2\theta)/\eta^2}}{\sin\theta + \sqrt{(\eta - \cos^2\theta)/\eta^2}} \qquad (4.7)$$

式中:η 为相对复介电常数,$\eta = \varepsilon_r(f) - j60\lambda\sigma(f)$;$\varepsilon_r$ 为海表面相对介电常数;σ 为海表面电导率(S/m);f 为频率(GHz);λ 为自由空间波长(m)。

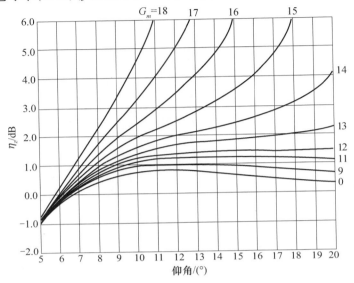

图 4-4 0.8~8GHz 平均标准漫反射系数[3]

对于直达波信号功率为 0,海面反射波平均功率为 P_r 的情况,莱斯分布的参数 α 可以表示为

$$\alpha = \frac{10^{P_r/10}}{1 + 10^{P_r/10}} \tag{4.8}$$

$p\%$ 时间概率被超过的衰落深度可用下式计算:

$$F_d(p) = -[A + 10\lg(1 + 10^{P_r/10})] \tag{4.9}$$

式中:A 是从图 4-3 中读取的幅度(dB),根据衰落深度的定义,A 对应的时间概率为 $(100-p)\%$。

4.2.2 相邻卫星之间的干扰预测

在海事移动卫星通信系统中,由于多径衰落的影响,接收到的卫星信号(期望信号)和相邻卫星的干扰信号经历了独立的信号电平起伏,相邻卫星之间的干扰一般通过计算信噪比、信干比、信干噪比等参数进行预测。通常情况下相邻卫星系统之间的干扰主要有两种形式:一种是移动地面站端的下行链路干扰;另一种是卫星端的上行链路干扰,如图 4-5 所示。还有一种情况是多点波束工作时,频率复用波束之间的相互干扰。

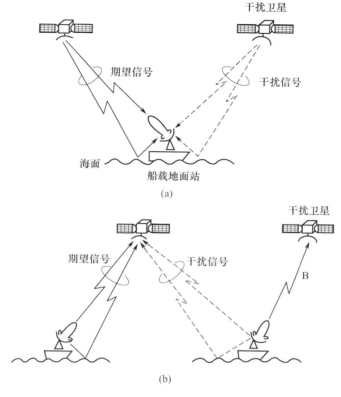

图 4-5　相邻卫星干扰的示意图[5]

（a）下行链路干扰；（b）上行链路干扰。

相邻卫星之间干扰的预测基于三个假设条件：①期望信号和干扰信号的幅度均服从莱斯分布，或干扰信号服从瑞利分布，两者的幅度变化是不相关的。②热噪声不随时间变化。③当干扰信号和热噪声同时存在时，等效噪声功率等于干扰功率和热噪声功率的和。在以上假设下，相邻卫星之间干扰可用以下方法进行预测。

现定义如下参数：

D——期望信号的直达波分量功率；

M——期望信号的反射分量平均功率；

N——系统噪声的平均功率；

I_D——干涉信号的直达波分量功率；

I_M——干涉信号的反射分量平均功率；

I——干涉波的平均功率，$I = I_D + I_M$。

85

上述参数均采用功率的线性值,不是 dB 值。

信噪比$[c/n](p)$是期望信号功率与系统噪声的比值,它是时间概率 p 的函数,可表示为

$$[c/n](p) = (\eta_c)^2(p)D/N \qquad (4.10)$$

式中:η_c 为期望信号功率的归一化的时间百分比相关因子,其概率密度函数服从莱斯分布,设直达波信号功率为 0,则 η_c 可以表示为

$$20\lg\eta_c = A + 10\lg((D+M)/D) \qquad (4.11)$$

式中:A 为从图 4-3 中读取的幅度(dB),此时,图中参数 $\alpha = M/(D+M)$。

信干比$[c/i](p)$为期望信号功率与干扰信号功率的比值,可表示为

$$[c/i](p) = (\eta_{c/i})^2(p)D/I_{50} \qquad (4.12)$$

式中:I_{50} 为干扰信号功率变化的中值,即 50% 时间概率的值。

$$I_{50} = (\eta_{i,50})^2 I \qquad (4.13)$$

$\eta_{c/i}(p)$ 为信干比 $[c/i]$ 的归一化时间百分比相关因子:

$$[\lg\eta_{c/i}(p)]^2 = [\lg\eta_c(p)]^2 + [\lg\eta_i(100-p)]^2 \qquad (4.14)$$

式中:η_i 为干扰信号功率的归一化时间百分比相关因子。$\eta_i\eta_{i,50}$ 的概率密度函数服从莱斯分布,其中信号总功率为 0(dB),$20\lg(\eta_i\eta_{i,50})$ 从图 4-3 中读取的幅度(dB),此时图中参数 $\alpha = I_M/I$。$\eta_{i,50}$ 为修正因子,$20\lg\eta_{i,50}$ 即图 4-3 中 50% 时间概率对应的值;由于修正因子 $\eta_{i,50}$ 的作用,当 $p = 50$ 时,$\eta_i = 1$。如果 $\eta_c < 1$ 和 $\eta_i > 1$,则应选择 $\eta_{c/i} < 1$;其他情况选择 $\eta_{c/i} > 1$。令 $I_D/I = b$,则 $\eta_{i,50}$、η_i 与 b 的关系见表 4-2。

表 4-2　$\eta_{i,50}$、η_i 与 b 的关系

b	I_M/I_D/dB	$\eta_{i,50}$/dB	η_i/dB							
			50%	20%	10%	5%	1%	0.5%	0.1%	0.01%
0	∞	-1.59	0.00	3.66	5.21	6.36	8.22	8.83	9.98	11.25
0.5	0	-1.12	0.00	3.16	4.48	5.44	7.03	7.54	8.52	9.60
0.6	-1.8	-0.91	0.00	2.88	4.09	4.99	6.46	6.95	7.87	8.90
0.7	-3.7	-0.68	0.00	2.53	3.62	4.43	5.78	6.22	7.08	8.03
0.8	-6.0	-0.45	0.00	2.10	3.03	3.72	4.90	5.30	6.07	6.92
0.9	-9.5	-0.22	0.00	1.52	2.21	2.76	3.69	4.00	4.62	5.32
0.95	-12.8	-0.11	0.00	1.09	1.61	2.02	2.74	2.99	3.48	4.02
1.0	$-\infty$	-0.00	0.00	0.00	0.00	0.00	0.00	0.00	0.00	0.00

信干噪比$[c/(i+n)](p)$为期望信号功率与噪声加干扰信号功率的比值，可表示为

$$[c/(i+n)](p) = \left[1/[c/n](p) + 1/[c/i](p)\right]^{-1} \qquad (4.15)$$

当$N \leqslant -5\text{dB}$、$M \leqslant -5\text{dB}$、$I \leqslant -10\text{dB}$ 且 $0.5 \leqslant b \leqslant 1$ 时，式(4.15)的预测精度在 1dB 以内。其中，N,M,I 针对期望信号直达波分量 D 进行了归一化，即假设 $D = 1W$ 或 $D = 0$。

4.3　陆地移动卫星业务的电波传播效应

陆地移动卫星业务可以为各种地面用户提供通信导航等服务，特别是对于地面移动通信系统无法覆盖的区域，如偏远农村、山区等。陆地移动卫星业务用户终端一般采用全向接收天线，此时需要考虑地形、建筑物和树木等障碍物造成的多径、遮蔽和阻挡等效应对系统性能的严重影响，正因为陆地移动卫星业务用户所处环境复杂多变，陆地移动卫星业务的可用度通常要小于固定卫星系统。一般情况下，系统设计的最佳可用度范围为 80% ~99%。本节主要介绍陆地移动卫星业务的多径、遮蔽和阻挡等传播效应及其预测方法。

4.3.1　视距情况的多径模型

多数情况下，移动终端相对于卫星具有清晰的视距条件。此时，由于地面多径导致的信号衰落现象仍然存在。移动终端接收的视距直达波信号和多径信号的矢量叠加，导致接收信号幅度的增强或减小。多径衰落除与多径反射体的截面、数量、距接收天线的距离有关外，还与极化方式和接收天线方向图等参数有关。

下面分别介绍山区环境和路边植被环境下的多径传播预测模型，涉及的模型是基于实测数据建立的，测试所用天线的特征为：天线方位向为全向；仰角 15°~75°的增益变化小于 3dB；水平线之下天线增益至少降低 10dB。

1. 山区环境多径衰落

在山区地形情况下，多径引起的衰落深度分布可表示为

$$p = aA^{-b} \qquad (4.16)$$

式中：p 为被超过衰落的路程百分比（$1\% < p\% < 10\%$）；A 为被超过的衰落值（dB）；a、b 为拟合的参数，其值如表 4 – 3 所列。

表 4 - 3　山区地形多径环境累积衰落分布最佳拟合参数

频率/GHz	仰角30°			仰角45°		
	a	b	范围/dB	a	b	范围/dB
0.87	34.52	1.855	2~7	31.64	2.464	2~4
1.5	33.19	1.710	2~8	39.95	2.321	2~5

图 4 - 6 给出了频率为 1.5GHz 和 870MHz、路径仰角为 30°和 45°时的衰落累积分布曲线。

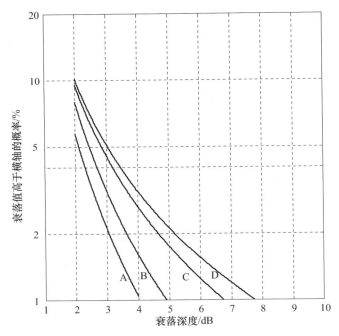

图 4 - 6　山区地形多径衰落最佳拟合累积衰落分布

曲线 A—870MHz,45°；曲线 B—1.5GHz,45°；曲线 C—870MHz,30°；曲线 D—1.5GHz,30°。

2. 路边植被环境多径衰落

美国开展的试验和研究表明,对于两边树木成排的道路,路径仰角为 30°~60°时,多径衰落对仰角不敏感。假设路旁树木对直达波的遮蔽效应可以忽略,则路边树木造成的多径衰落可表示为

$$p = u\exp(-vA) \tag{4.17}$$

式中:p 为被超过衰落的路程百分比(1% <p% <50%);A 为被超过的衰落值(dB);拟合参数 u、v 如表 4 - 4 所列。

表 4 - 4　两边树木成排道路多径情况累积衰落分布最佳指数拟合参数

频率/GHz	u	v	衰落范围/dB
0.870	125.6	1.116	1 ~ 4.5
1.5	127.7	0.8573	1 ~ 6

图 4 - 7 给出了 870MHz 和 1.5GHz 累积衰落分布曲线。多径导致的衰落增加发生在低仰角为(5°~30°)的情况,此时,可接收到较远距离相对平滑起伏地面的前向散射信号。

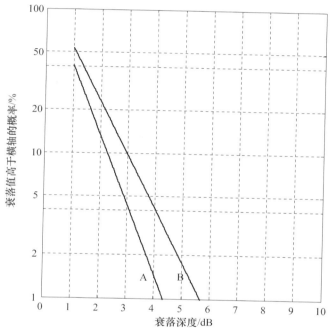

图 4 - 7　两边树木成排道路多径衰落最佳拟合累积衰落分布
曲线 A—870MHz；曲线 B—1.5GHz。

4.3.2　遮蔽效应

1. 路边树木的遮蔽效应

路边树木遮蔽效应的经验预测模式是基于 870MHz、1.6GHz 和 20GHz 衰落累积分布的测量结果得到的,测量时车辆双向行驶在行车道内,测量不同仰角情况下的树木遮蔽衰减。该衰落分布的预测方法适用于高速公路和农村道路条件,并假定造成卫星信号衰落的主要原因是路边树木的遮蔽效应。这一模式可用于频率为 800MHz ~ 20GHz、路径仰角为 7°~60°和路程百分比为 1% ~ 80% 范围内遮蔽衰落的预测：

（1）首先利用以下公式计算频率为 1.5GHz，路程百分比为 $1\% \leqslant p\% \leqslant 20\%$，路径仰角为 $20° \leqslant \theta \leqslant 60°$ 的衰落分布：

$$A_L(p,\theta) = -M(\theta)\ln(p) + N(\theta) \tag{4.18}$$

其中

$$M(\theta) = 3.44 + 0.0975\theta - 0.002\theta^2 \tag{4.19}$$
$$N(\theta) = -0.443\theta + 34.76 \tag{4.20}$$

（2）对于频率 $0.8\text{GHz} \leqslant f \leqslant 20\text{GHz}$，路程百分比 $1\% \leqslant p\% \leqslant 20\%$，路径仰角 $20° \leqslant \theta \leqslant 60°$ 的情况，衰落分布可由以下公式转换得

$$A_{20}(p,\theta,f) = A_L(p,\theta)\exp\left\{1.5\left[\frac{1}{\sqrt{f_{1.5}}} - \frac{1}{\sqrt{f}}\right]\right\} \tag{4.21}$$

（3）对于频率 $0.8\text{GHz} \leqslant f \leqslant 20\text{GHz}$，路程百分比 $20\% \leqslant p\% \leqslant 80\%$，路径仰角 $20° \leqslant \theta \leqslant 60°$ 的情况，衰落分布计算公式如下：

$$A(p,\theta,f) = A_{20}(20\%,\theta,f)\frac{1}{\ln 4}\ln\left(\frac{80}{p}\right) \tag{4.22}$$

（4）当路径仰角 $7° \leqslant \theta < 20°$ 时，其衰落取 $\theta = 20°$ 时的衰落值。

图 4-8 给出了频率为 1.5GHz 时，衰落值与路径仰角（$10° \leqslant \theta \leqslant 60°$）和路程百分比（$1\% \leqslant p\% \leqslant 50\%$）的关系。

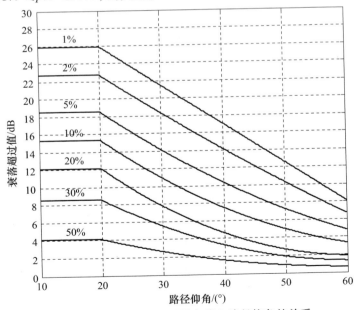

图 4-8　1.5GHz 路边阴影衰落和路径仰角的关系

在频率为 1.6GHz 和 2.6GHz 时,利用线型插值的方法,可以将路边树木遮蔽模式扩展到仰角 $\theta > 60°$ 的情况。具体方法如下:利用式(4.18)~式(4.22)计算 60°仰角的衰落值,从表 4-5 得到 80°仰角的衰落值,并将 90°仰角的衰落值设为 0;如果仰角范围为 $60° < \theta < 80°$,基于 60°仰角和 80°仰角的衰落值进行线性插值;如果仰角范围为 $80° < \theta < 90°$,基于 80°仰角和 90°仰角的衰落值进行线性插值。

表 4-5　80°仰角的衰落值

$p/(\%)$	植被遮蔽衰落	
	1.6GHz	2.6GHz
1	4.1	9.0
5	2.0	5.2
10	1.5	3.8
15	1.4	3.2
20	1.3	2.8
30	1.2	2.5

上述预测方法假设路径仰角是固定的,对于移动卫星系统,路径仰角是变化的,链路可靠性的计算需采用以下步骤。

① 计算移动终端处于卫星视距范围内每一个仰角或仰角范围的时间概率;

② 计算传播余量(图 4-8 纵轴),得到每一个仰角下的不可用概率;如果移动终端的天线不是全向天线,需从传播余量中去除天线增益;

③ 对于每一个仰角,将步骤①和步骤②的结果相乘,除以 100,给出系统在这个仰角下的不可用概率;

④ 将步骤③中得到的所有不可用概率相加,得到整个系统的不可用概率。

2. 路边建筑物的遮蔽效应

当移动用户终端位于城区道路时,城区路边建筑物会对卫星信号产生遮蔽和阻挡,为了便于对路边建筑物的遮蔽效应进行建模,通常将建筑物高度分布设为瑞利分布。图 4-9 给出了路边建筑物遮蔽的几何示意图。

此时,由建筑物引起的阻挡概率为

$$p = 100\exp\left[-(h_1 - h_2)^2/2h_b^2 \right] \quad (h_1 > h_2) \qquad (4.23)$$

91

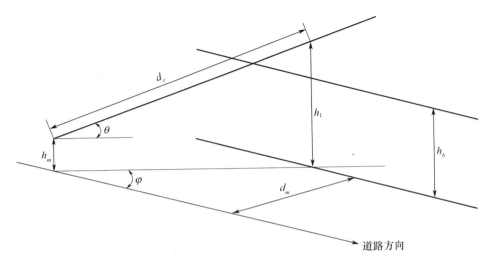

图 4-9 路边建筑阴影模型几何示意图

式中：h_1 为建筑物前方射线离地高度；h_2 为建筑物之上所需的菲涅尔余隙距离；h_b 为建筑物高度。

h_1 和 h_2 的计算公式如下：

$$h_1 = h_m + (d_m \tan\theta / \sin\varphi) \qquad (4.24)$$

$$h_2 = C_f(\lambda d_r)^{0.5} \qquad (4.25)$$

式中：h_m 为移动站的离地高度；d_m 为移动站距建筑物前方的距离；θ 为卫星相对于水平线的仰角（°）；φ 为射线相对于街道方向的方位角（°）；C_f 为所需余隙在第一菲涅尔带中的比例；λ 为波长；d_r 为从移动站到沿射线垂直于建筑物前方之上位置的斜距，可定义为

$$d_r = d_m / (\sin\varphi \cdot \cos\theta) \qquad (4.26)$$

式（4.23）~式（4.26）中 $h_1,h_2,h_b,h_m,d_m,d_r,\lambda$ 等参数应采用一致的单位，并且 $h_1 > h_2$。注意，式（4.24）、式（4.25）和式（4.26）的有效条件为 $0 < \theta < 90°$ 和 $0 < \varphi < 180°$。图 4-10 给出了 $h_b = 15\mathrm{m}$，$h_m = 1.5\mathrm{m}$，$d_m = 17.5\mathrm{m}$，频率为 1.6GHz 时利用上述公式计算的路边建筑物的遮蔽效应。

尽管模型显示在高路径仰角时不存在阻挡，但当用户通过过街天桥、悬挂的路标和道路分岔等时仍会遇到偶尔的遮蔽和阻挡现象。此外，对于手持的移动终端，人体头部和身体的遮挡也会对传播产生影响。

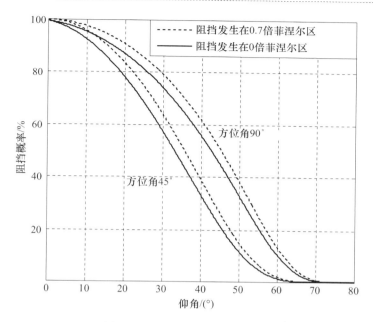

图 4 - 10　路边建筑物遮蔽示例

4.4　航空移动卫星业务的电波传播效应

　　航空移动卫星业务主要为军事和民用飞机提供通信和导航保障服务。为了保证飞行安全,飞机需要高可靠的传播信道。飞机的一次飞行过程包括起飞、巡航、降落等几个阶段,每个阶段飞机所处的环境显著不同,因此,航空移动卫星业务必须根据自身的特点考虑不同的传播效应。此外,由于飞机的速度和高度要远远大于其他移动用户平台,导致地球表面反射造成的多径衰落与其他移动卫星业务的衰落不同,由于飞机上一般使用小型天线,飞机机身动态变化会影响天线的性能,进而对信号的传播效应产生影响。出于飞行安全的考虑,即便短时的信号衰落也不容忽略。本节主要介绍航空移动卫星业务不同环境的电波传播效应及其预测方法。

4.4.1　海面反射衰落

　　航空移动卫星业务衰落特性预测与海事卫星海面反射衰落相似,但由于飞机飞行高度一般比较高,因此需要考虑地球曲率的影响,随着飞行高度的增加,地球曲率的影响会越大。

对于航空移动业务的海面反射衰落,合成信号电平幅度同样符合莱斯分布,其概率密度函数见公式(4.1)。本节海面反射衰落预测方法的适用条件为:频率 $1\mathrm{GHz} \leqslant f \leqslant 2\mathrm{GHz}$;对于圆极化和水平极化波,卫星仰角 $\theta \geqslant 3°$ 且天线增益 $G(1.5\theta) \geqslant -10\mathrm{dB}$,对于垂直极化,则要求 $\theta \geqslant 8°$;海况条件为浪高 $1\sim3\mathrm{m}$。

设直达波信号功率为 0,相对于直达波的海面反射波平均非相干功率 P_r 可以表示为

$$P_r = G + R + C_\theta + D \tag{4.27}$$

式中:G 为镜反射方向的相对天线增益(dB);R 为不同极化反射系数的幅度(dB);C_θ 为修正因子(dB);D 为地球曲率引起的扩散因子(dB)。

式(4.27)中的参数 G、R、C_θ、D 的计算公式如下:

$$\begin{cases} G = -4 \times 10^{-4}(10^{G_m/10} - 1)(\theta_i)^2 \\ \theta_i = \theta + (\theta_{sp} + \theta_{hr})/2 \\ \theta_{sp} = 2\gamma_{sp} + \theta \\ \theta_{hr} = \arccos[R_e/(R_e + H_a)] \end{cases} \tag{4.28}$$

$$\begin{cases} R = 20\lg|R_i| \\ R_i = R_H, R_V, R_C \end{cases} \tag{4.29}$$

$$C_\theta = \begin{cases} 0, & \theta_{sp} \geqslant 7° \\ (\theta_{sp} - 7)/2, & \theta_{sp} < 7° \end{cases} \tag{4.30}$$

$$D = -10\lg\Big[1 + \frac{2\sin\gamma_{sp}}{\cos\theta_{sp}\sin(\gamma_{sp} + \theta_i)}\Big] \tag{4.31}$$

式中:G_m 为天线最大增益值(dB);θ_i 为偏离视轴方向的角度(°);θ_{sp} 和 θ_{hr} 分别为镜反射点的擦地角和视距角(°);$\gamma_{sp} = 7.2 \times 10^{-3}H_a/\tan\theta$;$R_e$ 为地球半径,$Re = 6371\mathrm{km}$;H_a 为天线高度(km)。

$p\%$ 时间概率被超过的衰落深度用下式计算:

$$F_d(p) = -[A + 10\lg(1 + 10^{P_r/10})] \tag{4.32}$$

式中:A 为由图 4-3 中读取的幅度(dB),根据衰落深度的定义,A 对应的时间概率应为 $(100-p)\%$。

4.4.2 飞机进场和着陆时的多径模型

航空通信和导航系统需要重点考虑延迟短的多径传播的影响,尤其是在飞

94

机的进场和着陆阶段,通信的有效和可靠性、导航的精确和完好性非常重要,地面和机身的反射都会产生显著的传播效应。

飞机接收到的多径信号主要由两部分组成:一部分是来自飞机结构本身的反射信号;另外一部分是地面的反射信号。当天线置于驾驶舱顶时,仅在飞机机身产生强烈的反射,机翼的反射不明显,这种延迟非常短的反射信号基本不随时间改变,而且一直存在。地面反射则表现出很高的时变性,其多普勒频移与飞机的下降速度有关。

飞机进场和着陆多径模型的使用范围如下:频率范围为 1 GHz ~ 3 GHz;卫星方位角的变化范围为 10° ~ 170°(或 190° ~ 350°);卫星仰角的变化范围为 10° ~ 75°。图 4 – 11 给出了飞机进场时的完整的航空信道模型,主要包括四条路径:第一条路径是视距分量;第二条路径是视距分量的平坦衰落部分;第三条路径是机身引起的多径衰落过程,延迟为 1.5 ns;第四条路径是地面反射回波,它的延迟取决于仰角和高度。模型的输入参数包括:卫星方位角 $\varphi(t)$,卫星仰角 $\theta(t)$,飞机的离地高度 $h(t)$。其中 t 表示时间,各个参数都是时间的函数。

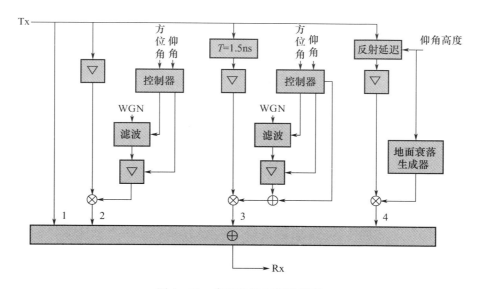

图 4 – 11　完整的航空信道模型

航空信道模型的建立需要知道飞机的几何结构和飞行动力情况,对于不同的机型,模型参数不同。下面以喷气式飞机 VFW 614(ATTAS,代表小型喷气式飞机)和空客 A340(代表大型商用客机)为例对航空信道模型进行介绍见表 4 – 6。

表 4-6 信道模型参数

参数	延迟/ns	相对功率/dB	多普勒带宽/Hz
直达路径			
平均分量	0	0	0
衰落过程		(-14.2~平均值)	<0.1
机身反射路径			
平均分量	1.5	-14.2	
衰落过程		(-14.2~平均值)	<0.1
地面反射路径			
地面反射	900~10（下降过程）	-15~-25	<20（因下降速度而有偏差）

1. 直达路径

除了视距分量（路径 1），这一路径还受到强烈的调制（路径 2），其幅度满足莱斯分布。衰落过程的产生参见式（4.33）、式（4.34）和式（4.35）。

2. 机身反射

为了获得机身反射信号的时间序列，必须知道其功率谱密度。时间序列可以通过对复高斯白噪声滤波得到，滤波器的响应函数就是功率谱密度函数，可由下式计算：

$$p_{\text{proc}}(\text{dB}) = b_1 + b_2 \cdot e^{b_3 \cdot |f|} \tag{4.33}$$

式中：b_2、b_3 为指数过程的系数。

除了噪声过程，机身反射信号还包括一个 -14.2dB 的平均（直流）分量，常数 $b_1(\text{dB})$ 由下式确定：

$$b_1 = -14.2 - \text{mean} \tag{4.34}$$

系数 mean 满足如下四阶二维多项式：

$$\text{mean}(\theta, \varphi) = \begin{bmatrix} \theta^4 & \theta^3 & \theta^2 & \theta & 1 \end{bmatrix} \cdot A_{\text{mean}} \cdot \begin{bmatrix} \varphi^4 \\ \varphi^3 \\ \varphi^2 \\ \varphi \\ 1 \end{bmatrix} \tag{4.35}$$

可见，mean 是仰角 θ 和方位角 φ 的函数。其中，A_{mean} 是一个 5×5 的多项式系数矩阵。系数 b_2 和 b_3 的计算方法类似。对于机型 ATTAS，mean、b_2 和 b_3 的系数矩阵如下：

$A_{\mathrm{mean,ATTAS}}$

$$
= \begin{bmatrix}
-2.0057e^{-12} & 5.0499e^{-10} & -4.6114e^{-8} & 1.8053e^{-6} & -2.4773e^{-5} \\
2.8598e^{-10} & -7.4259e^{-8} & 7.0553e^{-6} & -2.9116e^{-4} & 0.0043 \\
-1.1568e^{-8} & 3.2474e^{-6} & -3.3846e^{-4} & 0.0156 & -0.2698 \\
3.8681e^{-8} & -2.2536e^{-5} & 0.0038 & -0.2512 & 6.3140 \\
1.9434e^{-6} & -3.5747e^{-4} & 0.0133 & 0.8133 & -28.1329
\end{bmatrix}
$$

$A_{b2,\mathrm{ATTAS}}$

$$
= \begin{bmatrix}
-3.9148e^{-11} & 8.8672e^{-9} & -7.0048e^{-7} & 2.2069e^{-5} & -2.1492e^{-4} \\
6.0699e^{-9} & -1.3708e^{-6} & 1.0784e^{-4} & -0.0034 & 0.0322 \\
-3.2203e^{-7} & 7.2344e^{-5} & -0.0057 & 0.1747 & -1.6206 \\
6.7649e^{-6} & -0.0015 & 0.1162 & -3.5328 & 31.6814 \\
-4.4741e^{-5} & 0.0098 & -0.7383 & 21.9981 & -142.3524
\end{bmatrix}
$$

$A_{b3,\mathrm{ATTAS}}$

$$
= \begin{bmatrix}
-1.8398e^{-12} & 4.2182e^{-10} & -3.3813e^{-8} & 1.0855e^{-6} & -1.0875e^{-5} \\
2.6665e^{-10} & -6.0897e^{-8} & 4.8490e^{-6} & -1.5346e^{-4} & 0.0015 \\
-1.2870e^{-8} & 2.9171e^{-6} & -2.2947e^{-4} & 0.0071 & -0.0629 \\
2.3542e^{-7} & -5.2520e^{-5} & 0.0040 & -0.1193 & 0.9153 \\
-1.2058e^{-6} & 2.5797e^{-4} & -0.0187 & 0.5027 & -4.1128
\end{bmatrix}
$$

对于机型 A340,mean、b_2 和 b_3 的系数矩阵如下:

$A_{\mathrm{mean,A340}}$

$$
= \begin{bmatrix}
-2.6220e^{-12} & 6.0886e^{-10} & -5.0686e^{-8} & 1.8074e^{-6} & -2.3633e^{-5} \\
4.3848e^{-10} & -1.0231e^{-7} & 8.6113e^{-6} & -3.1465e^{-4} & 0.0044 \\
-2.3577e^{-8} & 5.5538e^{-6} & -4.7815e^{-4} & 0.0184 & -0.2872 \\
3.9552e^{-7} & -9.2657e^{-5} & 0.0082 & -0.3431 & 6.9937 \\
-1.5225e^{-6} & 3.3690e^{-4} & -0.0312 & 1.7110 & -32.8066
\end{bmatrix}
$$

$A_{b2,\mathrm{A340}}$

$$
= \begin{bmatrix}
-3.1880e^{-11} & 7.2724e^{-9} & -5.8454e^{-7} & 1.9069e^{-5} & -1.9707e^{-4} \\
4.7229e^{-9} & -1.0775e^{-6} & 8.6761e^{-5} & -0.0028 & 0.0293 \\
-2.3471e^{-7} & 5.3437e^{-5} & -0.0043 & 0.1413 & -1.4541 \\
4.4756e^{-6} & -0.0010 & 0.0812 & -2.6731 & 27.5448 \\
-2.5361e^{-5} & 0.0056 & -0.4459 & 14.8917 & -109.1083
\end{bmatrix}
$$

$A_{b3,A340}$

$$= \begin{bmatrix} -1.2021e^{-12} & 2.7780e^{-10} & -2.2626e^{-8} & 7.4413e^{-7} & -7.5120e^{-6} \\ 1.7647e^{-10} & -4.0725e^{-8} & 3.3131e^{-6} & -1.0855e^{-4} & 0.0011 \\ -8.6470e^{-9} & 1.9871e^{-6} & -1.6099e^{-4} & 0.0052 & -0.0488 \\ 1.6123e^{-7} & -3.6656e^{-5} & 0.0029 & -0.0946 & 0.8204 \\ -8.5647e^{-7} & 1.8942e^{-4} & -0.0149 & 0.4826 & -5.5011 \end{bmatrix}$$

3. 地面反射

地面反射的多普勒频移与飞机的垂直下降速率 $v_{\mathrm{vert}}(t)$ 有关,其平均多普勒频移为

$$f_g(t) = \frac{v_{\mathrm{vert}}(t)}{\lambda} \tag{4.36}$$

式中:λ 为波长(m)。

在式(4.36)给出的平均多普勒频移下,地面反射的多普勒谱可用归一化的高斯分布表示:

$$P_{Gr} = P_g + 20\lg\left(\frac{1}{\sigma \sqrt{2\pi}} \cdot e^{-\frac{f^2}{2\sigma^2}}\right) \tag{4.37}$$

式中:P_g 表示由马尔科夫模型得到的地面反射功率(dB);标准偏差 $\sigma = 2.92$ (Hz),可由试验得到。

为了建立地面反射模型,将飞机进场过程按飞行高度分为"高""中""低"三个高度区域。在每个区域,地面反射均用马尔科夫模型描述。高度区域的定义见表 4-7 和图 4-12。

表 4-7 马尔科夫模型的高度区域

高度分类	起始高度/m	终止高度/m
"高"	1000	400
"中"	400	100
"低"	100	10

飞机的接收功率被分成了四个等级或者状态,每个状态的输出功率如表 4-8 所列,状态 1 不考虑地面反射。

表 4-8 地面衰落马尔科夫模型的状态

状态	功率/dB
1	< -25
2	-23
3	-19
4	-15

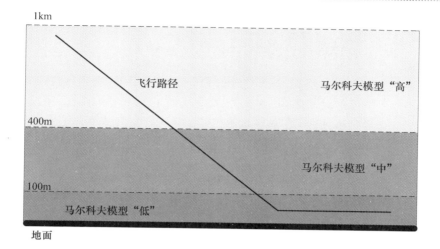

图 4 - 12　地面反射模型的高度区域分布

马尔科夫转换概率由测量数据得到,转换概率矩阵 **P** 在每个高度区域独立确定,其变量 $p_{x,y}$ 是从状态 x 到状态 y 的概率。由澳大利亚 Graz 机场着陆过程的测量结果得到的转换概率矩阵如下:

$$\boldsymbol{P}_{400-1000} = \begin{bmatrix} 0.9866 & 0.0087 & 0.0047 & 0 \\ 0.6087 & 0.3043 & 0.0870 & 0 \\ 0.2143 & 0.3571 & 0.4286 & 0 \\ 0.3333 & 0.3333 & 0.3334 & 0 \end{bmatrix}$$

$$\boldsymbol{P}_{100-400} = \begin{bmatrix} 0.9842 & 0.0130 & 0.0028 & 0 \\ 0.6667 & 0.2222 & 0.0889 & 0.0222 \\ 0.0667 & 0.1167 & 0.5000 & 0.3166 \\ 0 & 0 & 0.3279 & 0.6721 \end{bmatrix}$$

$$\boldsymbol{P}_{10-100} = \begin{bmatrix} 0.9645 & 0.0310 & 0.0045 & 0 \\ 0.7308 & 0.1538 & 0.1154 & 0 \\ 0.6250 & 0.1250 & 0.2500 & 0 \\ 0.3333 & 0.3333 & 0.3334 & 0 \end{bmatrix}$$

$$\boldsymbol{P}_{0-10} = \begin{bmatrix} 1 & 0 & 0 & 0 \\ 1 & 0 & 0 & 0 \\ 1 & 0 & 0 & 0 \\ 1 & 0 & 0 & 0 \end{bmatrix} \qquad (4.38)$$

式中:P_{x-y} 代表在高度区域 $h(t) \geqslant x$ 和 $h(t) < y$ 的转换概率。状态转换的频率

为25.4Hz,也就是说在输出功率1s内要转换25.4次。

　　综上所述,地面反射衰落的实现过程如图4－13所示。首先,根据飞机飞行高度确定马尔科夫转换概率矩阵 $\boldsymbol{P}$,得到输出功率值,转换速率为25.4Hz,输出功率即式(4.37)的 P_g;然后,根据式(4.37)计算多普勒谱,复高斯白噪声通过多普勒滤波得到衰落的时间序列;其次,根据飞机的下落速度和波长利用式(4.36)得到平均多普勒频移;最后,将这些参量相乘,即可得到地面路径的衰落过程。

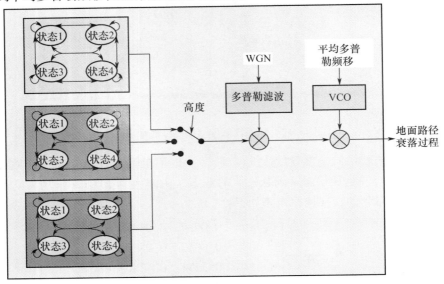

图4－13　地面路径衰落的实现过程

　　假设机场附近地形平坦,很容易计算出以路径仰角为函数的地面反射路径延迟时间 $\tau_g(t)$:

$$\tau_g(t) = \frac{2 \cdot h(t) \cdot \sin(\theta)}{c} \qquad (4.39)$$

式中: $\tau_g(t)$ 为地面反射路径延迟时间(s); c 为光速(m/s); $h(t)$ 飞机高度(m); θ 为仰角(°)。

4.5　非对地静止轨道卫星业务的传播效应分析

　　Non－GEO通信业务在过去几十年来发展迅速。对于Non－GEO,其通过地面终端时路径长度是变化的,当卫星在地平线上升和下降时路径长度最大,当通过中点时达到最小。因此,在传播预测过程中必须考虑路径仰角统计特性,以获取适当的传播余量。由于 Non‐GEO 通信业务已扩展到 Ka 频段及以上频段，因此还需要考虑雨衰减对 Non‐GEO 链路的影响。Non‐GEO 卫星传播效应评估的复杂性在于卫星的斜路径不是固定的，而是一个时变的参数。下面通过一个例子说明 Non‐GEO 链路传播效应的评估过程。

考虑一个低轨卫星(LEO)，其轨道为圆极地轨道，高度为765km，上升节点在西经100°。假设卫星工作在 Ka 频段，用户终端位于西经106.6°，北纬32.5°。其下行链路工作在20GHz，考虑自由空间传播损耗和其他传播损耗，并设定其功率余量固定为74dB。

图 4‐14 给出了卫星单次通过终端时，接收天线仰角和自由空间传播损耗随时间的变化曲线。从图中可以看出，最大仰角(粗实线)约为60°，此时最小自由空间传播损耗(虚线)为59dB，当卫星处于视平线时，最大自由空间传播损耗为70dB。图中细实线表示74dB的功率余量，此时传播余量为路径损耗和功率余量之间的差别(图中以双箭头表示)，其从视平线点时的最小4dB到卫星路径中点时的最大15dB。

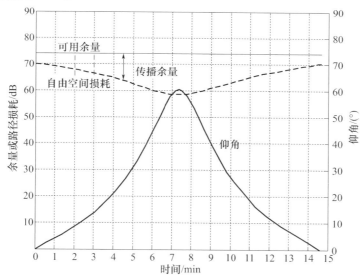

图 4‐14　LEO 卫星单次通过的仰角和路径损耗(频率20GHz、高度765km)

在进一步评估考虑大气衰减和雨衰减的传播余量时，首先根据前面得到的传播余量范围为4dB到15dB进行分析。假设大气为均匀大气，水汽密度为7.5g/m³，则大气衰减仅随路径长度改变。图 4‐15 给出了传播余量(实线)和大气衰减(点线)随时间变化曲线，此时由传播余量减去大气衰减就可得到系统的雨衰减余量(图中以虚线表示)。雨衰减余量随时间变化，在卫星路径中点时最大为 14.7dB，而在一次过程的前 2min 和后 2min 变为负值。这说明，在低仰角时，一旦发生降雨，就会造成系统中断。

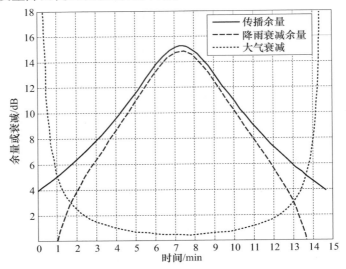

图 4 - 15　LEO 卫星单次通过时的传播余量、大气衰减和雨衰减余量（频率 20GHz）

在此基础上，可根据地面站降雨统计和雨衰减预报模式得到该地面站与 LEO 卫星通信过程不同部分的相对可靠性的评估。图 4 - 16 给出了地面站与

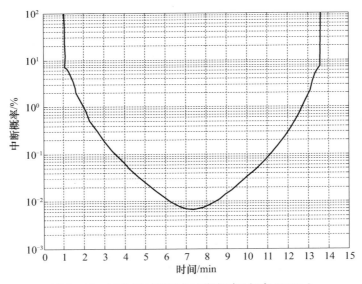

图 4 - 16　LEO 卫星链路年中断概率（频率 20GHz）

LEO 通信过程的年中断概率。结果表明，在过程中点的三分钟链路具有小于 0.01% 年中断概率(可通率 99.99%),而在过程的 ±2min,链路可用度降到 99% 。在视平线附近的 1min,卫星通信将中断。

参考文献

[1] Ilčev S D. Global Mobile Satellite Communications: For Maritime, Land and Aeronautical Applications. Springer Science & Business Media, 2005.

[2] Technical background. Iridium, Washington, 1999.

[3] Rec. ITU – R P. 680 – 3, Propagation data required for the design of Earth – space maritime mobile telecommunication systems, 1999.

[4] Karasawa Y, Shiokawa T. A simple prediction method for L – band multipath fading in rough sea conditions. IEEE transactions on communications, vol. 36, pp. 1098 – 1104, 1988.

[5] KARASAWA Y, YASUNAGA M. Interference evaluation method for mobile – satellite systems under Nakagami – Rice fading conditions. IEICE Transactions on Communications, vol. 75, pp. 42 – 49, 1992.

[6] Rec. ITU – R P. 681 – 10, Propagation data required for the design of Earth – space land mobile telecommunication systems, 2017.

[7] Rec. ITU – R P. 682 – 3, Propagation data required for the design of Earth – space aeronautical mobile telecommunication systems, 2012.

[8] Ippolito L J, propagation effects handbook for satellite systems design. 1999.

[9] Goldhirsh J, Vogel W J. handbook of propagation effects for vehicular and personal mobile systems. NASA reference publication, 1998.

[10] Rec. ITU – R P. 676 – 10, Attenuation by atmospheric gases, 2013.

[11] Fiebig U C, Artaoud G, Issler J L, et al. Channel modelling activities related to the satellite navigation channel in the SatNEx project. 3rd. European Conference, 2009.

[12] Rec. ITU – R P. 527 – 3, Electrical characteristics of the surface of the earth, 1992.

[13] ITU – R WP3M, HANDBOOK ON RADIOWAVE PROPAGATION INFORMATION FOR PREDICTIONS FOR EARTH – SPACE COMMUNICATIONS, Geneva, 1996.

[14] Germany, Propagation data required for the design of Earth – space aeronautical mobile telecommunication systems, ITU – R Doc. 3M/111, 2005.

第5章　电离层传播效应

电离层是一种具有显著时空变化的色散介质,受太阳活动及辐射的影响,既具有 11 年长周期变化特性,也具有显著的季节和昼夜变化特性。电离层会对无线电波产生吸收、折射、时延、色散、极化旋转和闪烁等一系列传播效应,是影响 3GHz 以下频段卫星系统性能的重要环境因素。本章对电离层环境特性和主要传播效应进行介绍。

5.1　电离层环境特性

5.1.1　电离层概述

地球高层大气受太阳紫外线辐射和 X 射线辐射的影响,高层大气被部分电离,从而形成了电离层,高度一般为 60 ~ 1000km。电离层大尺度时空变化会造成卫星信号的吸收、折射、时延和极化旋转等传播效应,电离层小尺度的不均匀体会使接收信号相位、强度和到达角等产生随机起伏,造成卫星信号的闪烁衰落。这些电离层传播效应会严重影响导航、遥感、通信等系统的性能。

电离层中单位体积内所包含的自由电子数,即电子密度,是影响电波传播的主要因素。由于不同高空区域的气体成分与密度不同,使它们发生电离的太阳辐射谱线或频段也不同,这使得电离层具有明显的分层特征。电离层电子密度的高度分布从 60km 往上,随高度增加出现多个极大值,然后又随高度增加而减少。根据电离层中电子密度极值区高度的不同,通常将其分为 D 层、E 层、F_1 层、F_2 层,如图 5 - 1 所示。图中分别给出了电离层分层结构的高度和昼夜变化,受太阳辐射的影响,电离层有着明显的日变化特性。D 层、E 层电子密度相对较低,F_2 电子密度较大,夜晚的电子密度明显小于白天,且夜晚 D 层、F_1 层消失。

电离层各层的主要特性如下。

D 层:60 ~ 90km,电子密度约为 10^8 ~ 10^{10} e/m³,在夜间消失。D 层的中性大气成分密度很大,电子和中性粒子之间频繁碰撞,相互结合形成负离子,这使 D 层内离子密度大于电子密度。

E 层:90 ~ 150km,电子密度约为 10^9 ~ 10^{11} e/m³。E 层所在高度比较稳定。

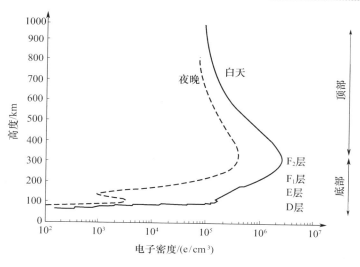

图 5 - 1　电离层分层结构示意图[6]

在中纬度地区,E 层电子密度峰值的高度通常为 110 ~ 120km,而在低纬度地区减小约 10km。

F$_1$ 层:150 ~ 200km,电子密度约为 10^{11} e/m^3,夜间消失。与 E 层正常时类似,扩散运动在 F$_1$ 层高度上表现不明显。

F$_2$ 层:200 ~ 500km,电子密度约为 10^{11} ~ 10^{12} e/m^3,电子密度峰值高度一般在 300 ~ 400km 之间变化。

F$_1$ 层和 F$_2$ 层统称为 F 层,在无线电波传播中起主导作用。

F$_2$ 层最大电子密度所在高度 HMF 以上至数千千米的区域统称为顶部电离层或上电离层,HMF$_2$ 高度以下区域称为底部电离层或下电离层。在顶部电离层区域,电子密度缓慢递减。在 1000km 高度时,电子密度约为 10^{12} ~ 10^{10} e/m^3;在 2000 ~ 3000km 高度范围内,电子密度约为 10^{11} ~ 10^8 e/m^3。顶部电离层电子密度随季节和昼夜的变化尤为明显。电离层各层高度、电子密度大小及基本特点如表 5 - 1 所列。

表 5 - 1　电离层各层的物理特性[7]

区域名称	D 区	E 区	F$_1$ 区	F$_2$ 区
区域范围/km	60 ~ 90	90 ~ 150	150 ~ 200	200 ~ 500
最大电子密度处高度/km	≈70	≈110	180 ~ 200	≈300
最大电子密度 N_{max}/(e·m^3)	10^8 ~ 10^{10}	10^9 ~ 10^{11}	10^{11}	10^{11} ~ 10^{12}
基本特点	夜间消失	电子密度白天大,夜间小	F$_1$ 层夜间消失,常出现于夏季;F$_2$ 层电子密度白天大,夜间小	

5.1.2　电离层模型

目前,常用的电离层经验和半经验模型主要包括:国际参考电离层模型 IRI (International Reference Ionosphere, IRI)、中国参考电离层模型 CRI (China Reference Ionosphere, CRI)、NeQuick 模型、Klobuchar 模型等。其中,国际参考电离层模型 IRI 是目前最有效并且广泛使用的电离层经验模型;中国参考电离层模型 CRI 模型是在 IRI 模型的基础上,融合了我国电离层观测数据,更适用于我国的电离层经验模型;NeQuick 模型,作为电子密度快速运算模式,已被伽利略(Galileo)系统采用。本节主要介绍国际参考电离层模型 IRI、中国参考电离层模型 CRI 和 NeQuick 模型。

1. 国际参考电离层模型 IRI

国际参考电离层模型 IRI 是在国际空间委员会 COSPAR (Committee for Space Research) 和国际无线电科学联盟(International Union of Radio Science, URSI)联合资助下,由 IRI 工作组根据大量的地面观测资料和多年积累的电离层研究成果,研制开发的全球电离层模型。

IRI 将电离层划分 6 个区域,分别为:顶部区、F_2 层、F_1 层、中间区、E 层峰谷区和 E 层底以及 D 层区,剖面结构如图 5 - 2 所示。该模型基于垂测仪、非相干散射雷达、卫星数据、探空火箭数据等,融合了多个大气参数模型,引入了太阳活动的月平均参数、地磁活动指数,描述了电离层在地磁宁静条件下特定时间、特定地点上空 80 ~ 2000km 范围内的电子密度、电子温度、离子温度、离子成分、电子含量等月平均状态。IRI 模型有两套系数备选,分别为 1967 年的 CCIR 系数和 1989 年的 URSI 系数,能够较好的给出全球电离层形态。

IRI 模型成型于 1957 年,每年根据最新的研究成果和观测数据,及时更新并发布新版本,目前最新模型是 IRI2016。从 2000 年开始,IRI 工作组把全球电离层模型(Global Ionosphere Model, GIM)和其他空间无线电探测技术的观测结果也融入 IRI 模型,以提高其精度。

2. 中国参考电离层模型 CRI

IRI 模型在构建过程中较少用到中国区域的电离层观测数据,在中国区域该模型的精度有所降低。中国电波传播研究所参考 IRI 模型,并利用中国区域内的电离层观测数据,形成中国参考电离层模型 CRI,有效提高了模型在中国区域的精度。

与 IRI 模型相比较,CRI 模型作了以下改进。

(1) 采用了"亚洲大洋洲地区电离层预报"方法中给出的 f_0F_2 和 $M(3000)$ F_2 数据;

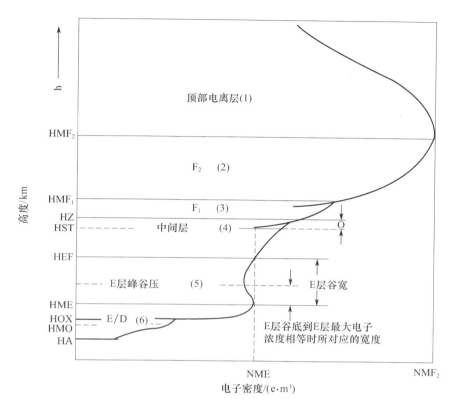

图 5-2 国际参考电离层 IRI[3]①

（2）统计了中国 F_1 层出现的时间,认为在中国所有季节均要考虑 F_1 层的存在;

（3）在中国 E 层的最大电子密度高度取值为 115km。

3. NeQuick 模型

NeQuick 模型由意大利萨拉姆国际理论物理中心的高空物理和电波传播实

---

① 图中英文对应中文如下:

HZ:中间层的上边界;

HST:为 F_1 层电子浓度剖面往下推到与 E 最大电子浓度相等时所对应的高度;

HEF:为 E 层谷的上边界;

HDX:为 D 层和 E 层底部的特定高度;

HA:为电离层的起始高度;

HMF_2、HMF_1、HME、HMD 分别为:F_2 层、F_1 层、E 层、D 层的最大电子浓度对应高度;

NME、HMF_2:分别是 E 层和 F_2 层的最大电子浓度。

验室(ARPL – ICTP,Trieste)与奥地利格拉茨大学的地球物理、气象和天体物理研究所(IGAM,University of Graz)联合研究得到的新电离层模型。NeQuick模型能给出底部到顶部的电离层的电子密度时空分布,模型输出最大高度达到20000km。模型的基本输入参量为站点经纬度、高度、时间和太阳活动水平(太阳辐射通量或太阳黑子数SunSpot Number,SSN),输出参量为给定条件下的电子密度及该站上空垂直电离层总电子含量。此外,NeQuick模型还给出了计算任意两点之间的路径电离层电子含量的方法。

利用NeQuick模型,图5 – 3分别给出了位于中纬度的北京地区在太阳活动低年(2007年)和高年(2013年)春、夏、秋、冬四个季节的两个典型时刻(05:00LT[①]时和13:00LT时)的电子密度剖面。

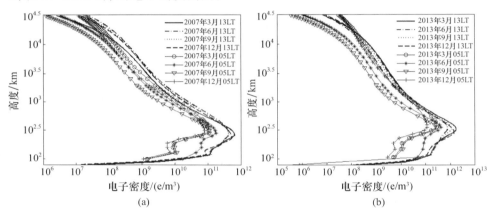

图5 – 3 太阳活动低年(2007年,(a))和高年(2013年,(b))的典型电子密度高度剖面

5.1.3 电离层 TEC

电离层总电子含量(Total Electron Content,TEC)表示沿电波传播路径 s 对电子密度 N_e 进行积分的结果,即沿电波路径穿过整个电离层的底面积为一个单位面积的柱体中所含电子数,它是电离层的一个重要的参量:

$$\text{TEC} = \int_s N_e(s)\,\mathrm{d}s \tag{5.1}$$

式中:TEC的单位为TECU,1TECU = $1 \times 10^{16}\mathrm{e/m^2}$。当电波信号路径为天顶方向时,该路径上电子含量称为垂直电子总含量(Vertical Total Electron Content,VTEC)。

---

① LT 是当地时间(Local time)的缩写。

研究表明:底部电离层(或下电离层)电子含量(Bottom Electron Content, BEC)占垂直总电子含量 VTEC 的 20% ~ 40% ;顶部电离层(或上电离层)内电子含量(Upper Electron Content,UEC)占垂直总电子含量 VTEC 的 60% ~ 80%。不同高度电子含量比例如表 5 - 2 所列。

表 5 - 2　不同高度区域的电子含量百分比

高度范围	占 VTEC 的比例/(%)
底部(下)电离层	20 ~ 40
顶部(上)电离层	60 ~ 80
1000km 以下	80 ~ 90
1000km 以上	10 ~ 20
2000km 以上	5 ~ 10

利用 NeQuick 模型,分别计算在太阳活动低年(2007 年)和高年(2013 年)13:00LT,我国及周边地区电离层 VTEC 分布,如彩图 5 - 4 所示。可看出,电离层 VTEC 在赤道两侧较大,赤道上空相对较小,呈现双驼峰结构。

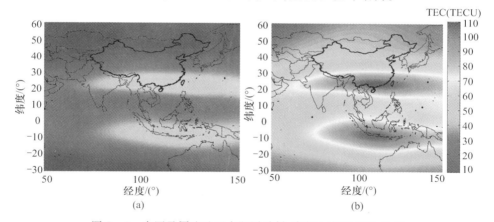

图 5 - 4　中国及周边地区太阳活动低、高年电离层 TEC 分布
(a)2007 年(低);(b) 2013 年(高)。

利用 GNSS 观测数据可以反演电离层 VTEC,图 5 - 5 给出了北京地区太阳活动低(2007 年)、高年(2013 年)连续三天电离层 VTEC 的反演结果。从图中可以看出,太阳活动高年电离层 VTEC 远大于太阳活动低年,并且具有明显日变化特性,一般凌晨 04:00 ~ 05:00LT 最小,午后 14:00 ~ 16:00LT 最大。

利用 NeQuick 模型,图 5 - 6 给出了北京地区上空太阳活动低年(2007 年)和高年(2013 年),夏季(6 月)和秋季(9 月),早晨(05:00LT)和中午(13:00LT)时的电离层 TEC 随星地链路仰角的变化情况,高度为 1000km。

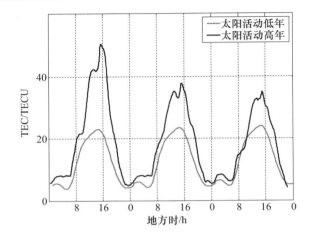

图 5 - 5 电离层 VTEC 日变化特性

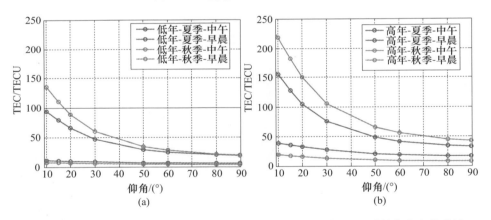

图 5 - 6 太阳活动低(2007 年,(a))年和高(2013 年,(b))年 TEC 随仰角的变化曲线

由上述分析:

(1)电离层 TEC 与太阳活动水平相关,太阳活动高年的 TEC 大于太阳活动低年;

(2)电离层 TEC 具有显著区域特性,从地理纬度来看,在相同条件下,低纬的 TEC 大于中、高纬度地区;

(3)电离层 TEC 具有明显日变化特性,白天的 TEC 大于夜间;

(4)电离层 TEC 与电波传播路径有关,仰角越低,电离层 TEC 越大;

此外,电离层 TEC 还存在着季节变化特性,一般是春秋季的 TEC 较大,夏季最小。有时电离层 TEC 还存在很大的不规则变化。

利用 GNSS 测量数据,图 5 - 7 分别给出北京地区 08:00LT 电离层 TEC 变化率

（图（a））和二次变化率（图（b）），其中一次变化率约为 0.01TEC/s。通过轨道高度为 22000km 穿越极光区的卫星，观测到的 TEC 变化率最大约为 0.7TEC/s。

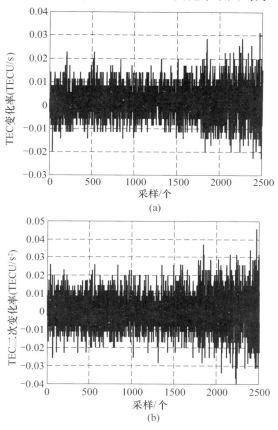

图 5 - 7　电离层 TEC 变化率（a）和二次变化率（b）

5.1.4　电离层不均匀体

电离层除了常态的分层结构外，如图 5 - 1 所示，时常还会出现一些由电子密度不均匀结构形成的"云块状"或"波状"结构，为电离层不均匀体。电离层不均匀体的电子密度可能低于或高于背景电离层的平均电子密度，电子密度的最大相对变化通常只有百分之几，极端情况也可达 10% ~100%。

常见的电离层不均匀体主要包括电离层行进式扰动（Travelling Ionospheric Disturbance，TID）、突发 E 层（E_s 层：Sporadic E - layer），扩展 F 层（Spread - F）等。电离层不均匀体的空间尺度范围变化很大，大的可达几千千米，小的只有几十厘米,可造成穿越电离层信号的相位、幅度、和极化等的快速随机起伏,从而对卫星信号造成严重闪烁衰落。图5-8给出了非相干散射雷达观测到的电离层不均匀体。

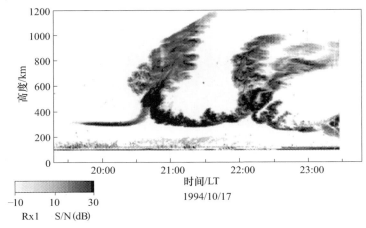

图5-8 非相干散射雷达观测到的电离层不均匀体[16]

突发E层(E_s层)是一种出现在E层的常见的不均匀体。图5-9给出了非相干散射雷达探测到的突发E层两次事件的电子密度剖面实例。由图可以看出,突发E层电子密度远大于该高度背景电子密度,有时甚至大于F的电子密度。

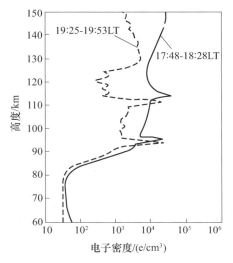

图5-9 Arecibo非相干散射雷达测量的突发E层事件[15]

扩展 F 层是一种出现在 F 层的常见的不均匀体,彩图 5 – 10 给出了电离层常态和扩展 F 层垂测仪的电离图。由图可以看出,在电离层处于常态时,F 层回波清晰,可分别清晰看出寻常波(O 波)和非寻常波(X 波)的回波,并且回波均呈现为线条型;当扩展 F 层发生时,F 层回波不是一条线,而是扩散成一片。这是由于电离层不均匀体对信号的散射作用,使得从 F 层反射的回波脉冲比发射脉冲展宽,严重时候可达 10 倍以上。

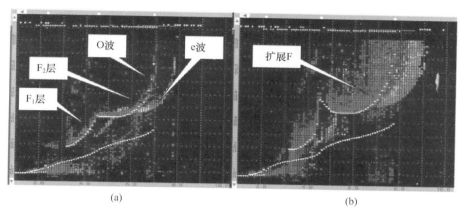

图 5 – 10　电离层测高仪测到的电离层描迹[17]
(a)正常情况的电离层图描迹;(b)扩展 F 电离层图描迹。

5.2　背景电离层传播效应

背景电离层是指不考虑电离层扰动的平静电离层状态。电离层是一种色散介质,其折射指数随频率的变化而变化,这使不同频率的电波以不同的速度传播,导致传输脉冲展宽。同时,电离层的分层特性还会导致电波的折射和多径传播等效应。地球的磁场使电离层具有各向异性,入射的电波被分裂成寻常波(O 波)和非寻常波(X 波)两种极化波,造成电波的法拉第旋转效应。此外,电离层的折射指数小于 1,导致电波在电离层传播时,其群速度小于光速,而相速度大于光速,造成相位超前及时延等效应。综上所述,背景电离层可导致电波吸收、相移、时延、色散、极化旋转、折射和多径等传播效应,对卫星系统性能产生不同程度的影响。

5.2.1　电离层的折射指数

电波在电离层中传播时,折射指数可由 Appleton – Hartree 公式描述:

$$n^2 = 1 - \cfrac{X}{1 - iZ - \left(\cfrac{Y_T^2}{2(1-X-iZ)} \right) \mp \sqrt{Y_L^2 + \cfrac{Y_T^4}{4(1-X-iZ)^2}}} \qquad (5.2)$$

其中：

$$X = \frac{f_p^2}{f^2} = \frac{N_e e^2}{4\pi^2 \varepsilon_0 m f^2} \cong \frac{80.6}{f^2} N_e$$

$$Y_L = \frac{f_H}{f}\cos\theta \cong \frac{\mu_0 H_0 |e|}{2\pi m}\frac{\cos\theta}{f}$$

$$Y_T = \frac{f_H}{f}\sin\theta \cong \frac{\mu_0 H_0 |e|}{2\pi m}\frac{\sin\theta}{f}$$

$$Z = \frac{v_e}{f}$$

式中：f_p 为等离子体频率（Hz）；f 为频率（Hz）；N_e 为电子密度（e/m³）；e 为电子电荷（$1.60217733 \times 10^{-19}$ C）；m 为电子质量（$9.1093897 \times 10^{-31}$ kg）；ε_0 为自由空间介电常数（8.854×10^{-12} F/m）；θ 为地磁场与电波传播方向的夹角（rad）；H_0 为地磁场的强度（A/m）；f_H 为电子回旋频率（Hz）；μ_0 为自由空间磁导率（1.256637×10^{-7} H/m）；v_e 为电子的碰撞频率（Hz）。

当存在外加磁场时，等离子体被磁化，磁化的等离子体是一种双折射介质，或称各向异性介质。在式（5.2）中，"＋"和"－"符号分别表示寻常波（O 波）和非寻常波（X 波）。

由 Appleton – Hartree 公式可看出，电离层受地磁场影响，具有如下特征。

（1）色散：电离层折射指数是频率的函数，导致电波群速度不等于相速度。

（2）吸收：电离层的折射指数是复数，具有实部和虚部，虚部对应电离层的吸收，而吸收总是耗散的，在传播过程中能量通过碰撞变为热能而保持守恒。

（3）双折射：由于地磁场和自由电子的存在，折射指数具有不同的值，这个特性表明电波具有两个可能的传播路径，并且每个路径有不同的相速度和群速度。

（4）各向异性：电离层折射指数是背景磁场函数，受背景磁场影响，不同传播方向折射指数不同，表现出各向异性。

在 VHF 以上频率，$X < < 1$，式（5.2）可简化为

$$n_p \approx 1 - \frac{X}{2} \approx 1 - 40.3\frac{N_e}{f^2} \qquad (5.3)$$

无线电波在电离层中传播的相传播折射指数 n_p 和群传播折射指数 n_g 满足 $n_g = n_p + f\frac{\partial n_p}{\partial f}$，由此可得

$$n_g \approx \frac{1}{n_p} = 1 + 4.03 \frac{N_e}{f^2} \tag{5.4}$$

5.2.2 群时延

电离层是一种色散介质,对不同频率无线电波,电离层折射指数不同,使得电波波包能量的传播速度(群速度 v_g)小于光速,而载波相位的传播速度(相速度 v_p)大于光速。相速度和群速度分别表示如下:

$$v_p = \frac{c}{n_p} \tag{5.5}$$

$$v_g = \frac{c}{n_g} \tag{5.6}$$

式中: n_p 为相折射指数,见式(5.3); n_g 为群折射指数,见式(5.4)。

当卫星系统无线电波在电离层中传播时,电波以群速度 v_g 传播,卫星到地面的几何距离 ρ 为

$$\rho = \int_{\Delta t} v_g \mathrm{d}t = \int_{\Delta t} c \left(1 - 40.3 \frac{N_e}{f^2} \right) \mathrm{d}t = c \cdot \Delta t - \frac{40.3}{f^2} \int_{s'} N_e \mathrm{d}s = P - \frac{40.3}{f^2} \int_{s'} N_e \mathrm{d}s$$

$$\tag{5.7}$$

式中: f 为频率(Hz); c 为光速(2.99792458×10^8 m/s); P 为伪距(m),大小为信号传播时间 Δt 与光速 c 的乘积。

电离层引起电波信号的距离延迟为伪距 P 与几何距离 ρ 之差:

$$\Delta l = \frac{40.3}{f^2} \int_{s'} N_e \mathrm{d}s = \frac{40.3}{f^2} \mathrm{TEC} \tag{5.8}$$

相应地,电离层引起电波信号的传播时延为

$$\Delta \tau = \frac{\Delta l}{c} = \frac{40.3}{cf^2} \int_{s'} N_e \mathrm{d}s = \frac{40.3}{cf^2} \mathrm{TEC} \tag{5.9}$$

式中: $\Delta \tau$ 为时延(s); f 为频率(Hz); TEC 的单位为 e/m^2。

电离层电子含量 TEC 取不同值时,时延 $\Delta \tau$ 随频率 f 的变化如图 5-11 所示。对于频率为 1.6GHz 的电波信号,当 TEC 在 1TECU(10^{16} e/m^2)到 1000TECU(10^{19} e/m^2)之间变化时,时延 $\Delta \tau$ 为 0.5ns ~ 500ns。图 5-12 给出在太阳活动高年(太阳黑子 SSN = 140),全球白天时延超过 20ns 时间百分数的年平均值分布图,频率为 1.6GHz。

5.2.3 相位超前

由于电离层的相折射指数小于 1,使得无线电波的相速度 v_p 以大于光速的

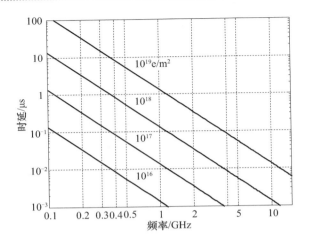

图 5 - 11　电离层时延随频率和 TEC 的变化[1]

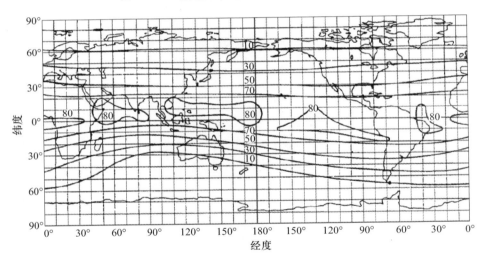

图 5 - 12　太阳活动高年信号白天时延超过 20ns 时间百分比的年平均值[1]

速度传播,造成载波相位的超前 $\Delta l_{\varphi}(\mathrm{m})$

$$\Delta l_{\varphi} = -\frac{40.3}{f^2}\int_{s}N_e\mathrm{d}s \tag{5.10}$$

电离层引起的相位超前 $\Delta\varphi(\mathrm{rad})$ 为

$$\Delta\varphi = \frac{2\pi}{\lambda}|\Delta l_{\varphi}| = 2\pi\frac{40.3}{cf}\mathrm{TEC} \tag{5.11}$$

式中: f 为频率(Hz); λ 为波长(m); c 为光速(m/s);TEC 为路径电离层总电子

含量(e/m^2)。

5.2.4　折射

2.1 节介绍了对流层大气引起的折射效应,类似的电离层也会产生折射效应,其计算方法与 2.1 节类似,只需将折射指数改成电离层群折射指数。

电波信号在穿越电离层时,电波传播路径会发生弯曲,且电波的群速度小于自由空间光速,造成信号的时延,产生折射误差。与对流层不同的是,电离层是色散介质,对于不同频率的信号的折射效应不同。图 5 - 13 给出北京地区 UHF 频段(500MHz)电离层距离和仰角折射误差,可看出,低仰角时距离误差可达到几百米量级,仰角误差达毫弧度量级,有时甚至更大。

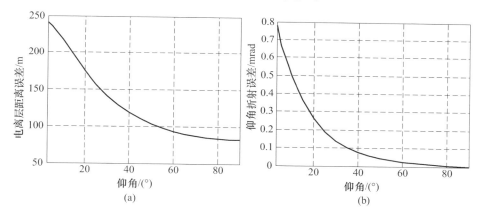

图 5 - 13　UHF 频段信号电离层距离和仰角折射误差

当电波信号频率为 S 频段(2~4GHz)时,电离层引起的折射误差明显减小,图 5 - 14 给出 2.5GHz 电波在电离层传播时产生的距离和仰角折射误差,可看出,距离折射误差约为米量级,仰角折射误差一般小于 0.5mrad。

图 5 - 15~图 5 - 18 分别给出北京地区 UHF 频段(500MHz)01:00LT(a)和 13:00LT(b)太阳活动低年(2007 年)和高年(2013 年)典型仰角(3°、5°、10°、15°、20°、30°、60°)电波环境引起的折射误差(包含对流层和电离层引起的折射误差),目标高度为 1000km。

通过上述分析,电离层折射具有以下特征。

(1)电离层是色散介质,电离层引起的折射效应与频率相关,信号频率越低,电离层引起的折射误差越大。对于 UHF 频段而言,电离层在低仰角引起的距离折射误差可达数百米,仰角误差为毫弧度量级。

(2)电离层引起的折射误差与太阳活动和地理位置相关,并具有明显的日

卫星系统电波传播

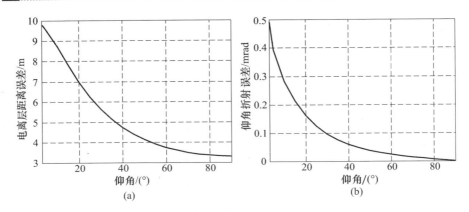

图 5-14 S 频段信号电离层距离和仰角折射误差

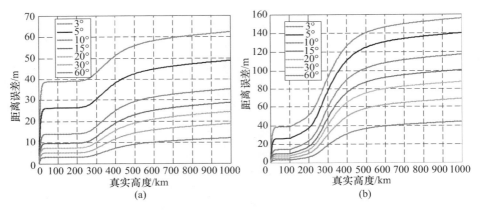

图 5-15 太阳活动低年(2007 年)3 月份 01:00LT(a)和 13:00LT(b)距离误差

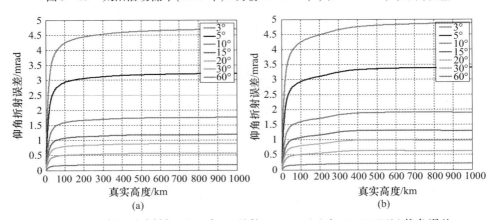

图 5-16 太阳活动低年(2007 年)3 月份 01:00LT(a)和 13:00LT(b)仰角误差

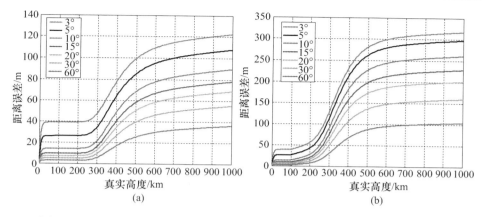

图 5－17　太阳活动高年(2013 年)3 月份01:00LT(a) 和 13:00LT(b)距离误差

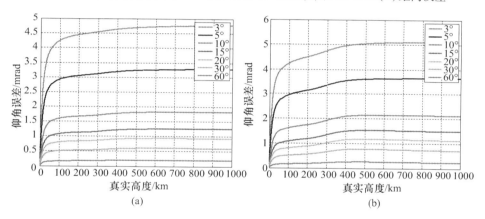

图 5－18　太阳活动高年(2013 年)3 月份时 01:00LT(a) 和 13:00LT(b)的仰角误差

变化。一般而言,在太阳活动高年、中午时分电离层引起的折射误差最大;在太阳活动低年、夜晚电离层引起的折射误差最小。

事实上,电离层引起的距离折射误差变化特性电离层 TEC 相似,受到太阳活动的影响,也具有明显的季节及区域变化等特性。

5.2.5　色散

由于电离层的折射指数与频率有关,当无线电波在电离层传播时,传播时延也与频率有关,这就使得脉冲频谱内不同频率分量具有不同的传播时延。因此,这种电离层色散效应会使接收脉冲信号产生畸变与失真,对宽带系统的性能造成严重影响,比如可使宽带成像雷达成像分辨率大大下降。

时延色散通常是指时延相对于频率的变化率,即

$$\frac{\mathrm{d}t}{\mathrm{d}f} = -\frac{2.68 \times 10^{-7}}{f^3}\mathrm{TEC} \qquad (5.12)$$

式中：$\frac{\mathrm{d}t}{\mathrm{d}f}$ 为时延色散（s/Hz）；f 为频率（Hz）；TEC 为传播路径电离层总电子含量（$\mathrm{e/m^2}$）。

当信号频率为 0.1～10GHz，脉冲宽度分别为 0.01μs、0.1μs、1μs 和 10μs，电离层 TEC 为 50TECU（$50 \times 10^{16}\,\mathrm{e/m^2}$）时，电离层引起的时延色散如图 5 - 19 所示。可看出信号脉冲宽度 τ 为 1μs 时，当频率为 200MHz 时，时延色散量为 0.017μs；而当频率为 600MHz 时，时延色散为 0.00062μs。由此可见，在 VHF 频段和 UHF 频段，时延色散效应对宽带传输系统具有重要影响。

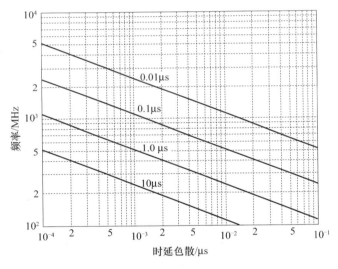

图 5 - 19 电离层对不同脉冲宽度信号的时延色散效应[1]

电离层引起的相位色散 $\frac{\mathrm{d}\varphi}{\mathrm{d}f}$（rad/Hz）为

$$\frac{\mathrm{d}\varphi}{\mathrm{d}f} = -2\pi\frac{40.3}{cf^2}\mathrm{TEC} = -\frac{8.44 \times 10^{-7}}{f^2}\mathrm{TEC} \qquad (5.13)$$

式中：f 为频率（Hz）；c 为光速（m/s）。

二阶相位色散 $\frac{\mathrm{d}^2\varphi}{\mathrm{d}f^2}$（rad/Hz²）为

$$\frac{\mathrm{d}^2\varphi}{\mathrm{d}f^2} = \mathrm{d}\left(\frac{-8.44}{f^{-2}} \times 10^{-7}\right)/\mathrm{d}f = -\frac{16.88}{f^3} \times 10^{-7} \qquad (5.14)$$

5.2.6　法拉第旋转

地球磁场的存在,使得电离层表现为各向异性。线极化无线电波进入电离层后,被分解为波矢量及相速不相同的寻常波(O 波)和非寻常波(X 波),这两种波均为椭圆极化,且极化旋转方向相反。频率越高,两个椭圆极化分量越接近圆极化。由于两个分量具有不同的传播速度,在电离层传播一段距离后重新合成一个线极化波,波的矢量方向相对于入射波的波矢量方向旋转了一个角度,这就是法拉第旋转效应。

对于 VHF 以上频段,电离层引起的法拉第旋转角 Ω(rad) 为

$$\Omega = \frac{K_1}{f^2}\int N_e B_L \mathrm{d}l \tag{5.15}$$

式中:常数 $K_1 = 2.36 \times 10^4$;f 为频率(Hz);N_e 为电子密度(m^{-3});B_L 为平行于传播方向的地磁感应强度(T);B_{LF} 为平行于传播方向的平均地磁场强度(T),B_{LF} 为法拉第地磁因子。

对于中、低纬度上接收对地静止卫星时,B_{LF} 通常取为

$$B_{LF} = B(h)\cos\varphi(h) \mid_{h = h_m = 420\mathrm{km}} \tag{5.16}$$

式中:h_m 为电离层平均高度,一般可取 420km;$B(h)$ 为传播路径上 h_m 高度处的地磁感应强度;$\varphi(h)$ 为传播路径上 h_m 高度处射线传播路径与当地磁场方向夹角。

法拉第旋转角 Ω 可表示为

$$\Omega = \frac{2.36 \times 10^4 B_{LF}}{f^2}\int N_e \mathrm{d}l \tag{5.17}$$

由此可见,法拉第旋转 Ω 与电波的频率 f、沿积分路径的平均地磁场强度 B_{LF} 和沿传播路径的总电子含量 TEC 等有关。

对于 $0.1 \sim 10\mathrm{GHz}$ 频段无线电波,当 TEC 在 1TECU($10^{16}\mathrm{e/m}^2$)到 1000TECU($10^{19}\mathrm{e/m}^2$)之间变化时,电离层引起法拉第旋转角 Ω 值,如图 5-20 所示。

对于线天线,法拉第旋转引起的交叉极化鉴别度(XPD)可由下式计算:

$$\mathrm{XPD} = -20\lg(\tan\Omega) \tag{5.18}$$

极化损耗 P_L(dB)可表示为

$$P_L = -20\lg(\cos\Omega) \tag{5.19}$$

5.2.7　多普勒效应

电离层造成的单程多普勒(Doppler)频移为

$$\Delta f_d = \frac{1}{2\pi}\frac{\mathrm{d}(\Delta\varphi)}{\mathrm{d}t} = -\frac{40.3\mathrm{d}(\mathrm{TEC})}{cf}\frac{}{\mathrm{d}t} \tag{5.20}$$

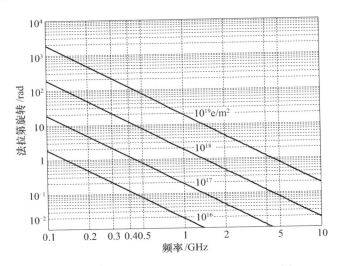

图 5 – 20   法拉第旋转与频率和 TEC 的关系[3]

式中：Δf_d 为 Doppler 频移（Hz）；f 为频率（Hz）；c 为光速（m/s）；TEC 为传播路径电离层总电子含量（e/m²）。

若不考虑电离层，星地链路传播信号的 Doppler 频移仅由发射机（或接收机）的速度沿射线方向的分量决定。电离层处于宁静状态时，$\dfrac{\mathrm{d(TEC)}}{\mathrm{d}t}$ 很小（平均约为 0.2TECU/s，见 5.2.1 节），但在电离层活动剧烈期间，TEC 会快速变化，Doppler 频移也随之急剧增大。对于 GNSS 系统，当 Doppler 频移增大（比如 $\Delta f_d > 1\mathrm{Hz}$）时，可能会使 GNSS 接收机锁相环无法锁定 GNSS 信号相位，导致失锁。

5.2.8 吸收

对于 30MHz 以上频率无线电波，电离层吸收正比于 $(\sec i)/f^2$，i 表示传播路径的天顶角，f 表示频率。在赤道及低纬度区域，对于 70MHz 以上频率系统，电离层吸收很小，几乎可以忽略。

试验测量表明：在中纬度地区，对于 30MHz 频率电波信号，单程垂直穿过电离层所发生的吸收一般为 0.2~0.5dB。在太阳耀斑期间，电离层吸收会明显增强，可达 5dB。增强吸收现象一般发生在高纬度地区，如极光吸收和极盖吸收等，这类吸收出现的时间是随机的，持续时间也不同，其时空分布特性应由试验观测获得。

在极区，沉降的高能电子使得电离层 D 区和 E 区中性大气发生电离，导致电子密度增加,当电波信号穿过电离层时,波的电场矢量引起电子运动,电子与其他粒子碰撞引起电波幅度的衰减,这就是电离层极光吸收。极光吸收一般发生在以可见极光出现概率最大的纬度为中心的 10°~20°范围内,表现为一系列相对持续时间较短的不连续吸收,持续时间从数分钟到几小时,平均持续时间为30min,夜间吸收表现为平滑的快速上升和缓慢下降。

极盖吸收发生在地磁纬度大于 64°的地区,出现概率相对较小。极盖吸收通常在太阳活动峰值年发生,一年 10~12 次,每次可持续数天。极盖吸收通常伴随离散的太阳活动事件出现,在向阳面的极盖区可监测,夜间则明显减小。

电离层极光和极盖吸收衰减与电波频率的平方成反比。表 5-3 根据ITU-R P.531建议书给出了 127MHz 频率上典型的极光吸收(dB)。

表 5-3　127MHz 频率电波的极光吸收[1]

时间百分数/(%)	仰角	
	5°	20°
0.1	1.5	2.9
1	0.9	1.7
2	0.7	1.4
5	0.6	1.1
20	0.2	0.4

综上所述,电离层作为色散介质,对不同频率电波信号的影响不同,如时延、相位超前、折射、色散、法拉第(Faraday)旋转、多普勒(Doppler)频移及吸收等。此外,接收信号的到达角也会发生一定变化。表 5-4 给出了频率范围为 0.1~10GHz 的无线电波电离层传播效应估计,其对应仰角为 30°的单程路径,TEC 值为 100TECU($10^{18}e/m^2$)。

表 5-4　电离层传播效应估计[7]

效应	频率关系	0.1GHz	0.25GHz	0.5GHz	1GHz	3GHz	10GHz
时延	f^{-2}	25μs	4μs	1μs	0.25μs	0.028μs	0.0025μs
折射	f^{-2}	<1°	<0.16°	<2.4′	<0.6′	<0.4″	<0.36″
到达方向改变	f^{-2}	20′	3.2′	48″	12″	1.33″	0.12″
Faraday 旋转	f^{-2}	30 周	4.8 周	1.2 周	108°	12°	1.1°
吸收(极光或极盖)	f^{-2}	5dB	0.8dB	0.2dB	0.05dB	0.006dB	0.0005dB
吸收(中纬)	f^{-2}	<1dB	<0.16dB	<0.04dB	<0.01dB	<0.001dB	<0.0001dB
时延色散	f^{-3}	400ps/kHz	26ps/kHz	3.2ps/kHz	0.4ps/kHz	14.5ts/kHz	0.4ts/kHz

5.3 电离层闪烁

5.3.1 电离层闪烁特征

1. 概述

电离层中电子密度不均匀性可以引起介电常数和折射指数的随机起伏。当无线电波在这样的随机介质中传播时,会导致传播路径和传播时延发生随机变化,使得不同路径到达的信号在接收天线处发生干涉,造成接收信号振幅和相位快速起伏的现象,这种现象称为电离层闪烁(Ionospheric scintillation)。图 5 - 21 给出了电离层闪烁对 GPS L_1(1575.42MHz)和 L_2(1227.6MHz)信号的影响。可看出,电离层闪烁发生前,电波信号呈现为平稳的曲线,闪烁发生期间(21:00 ~ 22:30 UT),接收信号则出现快速起伏。

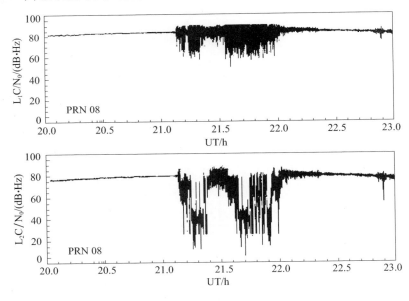

图 5 - 21 卫星信号电离层闪烁示例[18]

电离层闪烁是由电离层不均匀体引起的,该不均匀体一般出现在 250 ~ 400km 高度的 F 层内。不均匀体主要通过对无线电波的前向散射和衍射,造成接收机端信号不再稳定,在幅度、相位和到达角上产生快速波动,同时改变其相关性。

电离层闪烁可影响较宽频段范围内的电波信号,特别是对 3GHz 以下频段信号影响最为显著。事实上,直到 10GHz,试验中均有观测电离层闪烁事件的发生。电离层闪烁会影响卫星通信的质量,强闪烁时甚至会导致某些频段卫星信号的中断。

2. 电离层闪烁指数

电离层闪烁指数 S_4 用于描述电离层闪烁的强度,定义为一定时间间隔内接收功率的标准偏差与平均接收功率之比:

$$S_4 = \left(\frac{\langle I^2 \rangle - \langle I \rangle^2}{\langle I \rangle^2} \right)^{\frac{1}{2}} \tag{5.21}$$

式中:I 为信号强度;符号 $\langle\ \rangle$ 表示统计平均。

根据闪烁指数 S_4 大小,将闪烁分为以下等级:当 $S_4 < 0.1$ 时为无闪烁;$0.1 \leqslant S_4 < 0.3$ 时为弱闪烁;$0.3 \leqslant S_4 < 0.6$ 时为中等强度闪烁;$S_4 \geqslant 0.6$ 时为强闪烁。

3. 闪烁指数与仰角关系

对于弱闪烁和中等强度的闪烁而言,电离层闪烁指数 S_4^2 正比于地空链路仰角 θ 的余割值:当地空链路仰角 $20° \leqslant \theta \leqslant 90°$ 时,$S_4 \propto \csc(\theta)$;当地空链路仰角 $\theta < 20°$ 时,$S_4 \propto \csc^{\alpha}(i)$,$\alpha$ 的取值范围为 $1/2 \leqslant \alpha < 1$。

4. 闪烁指数与季节和经度关系

电离层闪烁指数 S_4 大小与季节和经度有关,可表示为

$$S_4 \propto \exp\left(\frac{\beta}{W} \right) \tag{5.22}$$

式中:角度 β 表示地空链路与不均匀体高度 H 的穿刺点(Ionosphere Pierce Point,IPP)磁经与日落时太阳的磁经的夹角,$H = 350\text{km}$;加权值 W 取值与站点的地理位置相关,不同地区差别很大,且在年内逐日而变。

图 5-22 给出了夸贾林环礁(Kwajalein:9°5′N,167°20′E)、中国香港(Hong Kong:22°16′N,114°9′E)、坦瓜(Tangua:22°44′S,42°43′W)三个不同地区站点 W 值随着年积日(Day Of Year,DOY)的变化。中国香港 W 值年变化曲线,可作为我国低纬地区的参考数据。该曲线可近似地表示为

$$W = 0.71 + 0.29\sin\left[2(t - 34) \times \frac{\pi}{180} \right] \tag{5.23}$$

式中:t 为年积日;W 的均值为 0.71,通常 W 在春、秋分时节达最大值,夏至和冬至最小。

5. 闪烁指数与频率的关系

闪烁指数 S_4 与无线电波频率相关,对于弱闪烁和中等强度闪烁,闪烁指数 S_4 与 $f^{-\nu}$ 有较好的相关性,在大部分频率情况下,ν 可取 1.5。对于强闪烁,由于

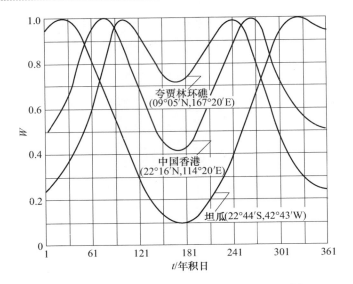

图 5 - 22　不同纬度区域台站的季节加权函数[1]

多次强烈散射的影响,试验观测到因子 v 有所减小,当 S_4 趋近于 1 时,幅度呈瑞利分布。

图 5 - 23 给出了 2003 年 10 月 30 日电离层扰动期间,通过接收极轨 LEO 卫星 Tsykada 信标信号,在 Kiruna(a)、Lulea(b)和 Kokkola(c)站观测到的 150MHz(点线)和 400MHz(短划线)电离层闪烁指数。可看出,强闪烁发生时,电离层闪烁指数 S_4 值可能超过 1,达到 1.5,有时甚至更大。

6. 电离层闪烁时空分布

全球电离层闪烁长期观测及统计分析表明,电离层闪烁具有以下特性:

(1)电离层闪烁的出现时间受太阳活动等外部因素影响很大,一般在日落后 1h 或稍后直到午夜前出现,常出现于 19:00 ~ 06:00 时段;

(2)太阳活动高年较太阳活动低年,全球电离层闪烁发生的强度大,且发生的频率高,在太阳活动高年的春秋分季(3—4 月和 9—10 月),电离层闪烁更加强烈;

(3)从地理位置分布来看,闪烁经常发生在地磁赤道附近(地磁纬度 ±20°以内);其次是高纬度区域,如极光区和极盖区。在中纬度区域,电离层闪烁较少发生,且强度较弱,一般在地磁暴等异常情况下才会发生电离层闪烁。

7. 电离层闪烁模式

全球电离层闪烁模式(Global Ionospheric Scintillation Model,GISM)由欧洲航天局支持研发,并已被 ITU - R 采用。该模式包含两部分:第一部分 NeQuick 背

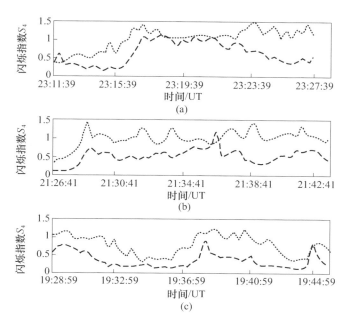

图 5 - 23　Kiruna(a)、Lulea(b)和 Kokkola(c)站观测 VHF 和 UHF 闪烁指数的 S₄[1]

景电离层模式,先计算电离层中的电子密度,然后通过求解射线差分方程得到电子密度起伏度;第二部分主要是多重相位屏(MPS)技术,先由得到的电子密度来确定电波传播路径,然后根据多重相位屏技术,将扰动的传播介质分成几个连续的具有明确统计特征的相位屏,通过求解相应电波传播方程,最终获得地空链路电离层闪烁指数等信息。

对于卫星系统,电离层闪烁与卫星和地面站位置、太阳活动、地磁活动、地方时和工作频率等相关。GISM 可预测闪烁指数、幅度衰落深度、相位的均方根值和角偏差。模型主要内部参数的默认值如下:

（1）强度谱的斜率,$k = 3$;

（2）不均匀体的平均尺度,$L_0 = 500 \text{km}$;

（3）电子密度波动的标准偏差,$\sigma_{N_e} = 0.2$。

5.3.2　闪烁幅度分布及谱特征

在一次电离层闪烁事件中,信号幅度的分布可近似用 Nakagami 概率密度函数描述。信号的相对强度 I（相对于平均功率的载频功率）,即归一化平均功率服从 Nakagami 分布,其概率密度函数为

$$p(I) = \frac{m^m}{\Gamma(m)} I^{m-1} \exp(-mI) \tag{5.24}$$

式中,Nakagami 分布的 m 系数与闪烁指数 S_4 相关:

$$m = 1/S_4^2 \tag{5.25}$$

接收到给定门限以下强度信号的概率,可表示为

$$P(I) = \int_0^I p(x)\,\mathrm{d}x = \frac{\Gamma(m, mI)}{\Gamma(m)} \tag{5.26}$$

式中:$\Gamma(m)$ 为完整伽玛函数;$\Gamma(m, mI)$ 为不完整伽玛函数,可定义为

$$\Gamma(m) = \int_0^\infty x^{m-1} \exp(-x)\,\mathrm{d}x \tag{5.27}$$

$$\Gamma(m, mI) = \int_0^I (mx)^{m-1} \exp(-mx)\,\mathrm{d}(mx)$$

$$= \int_0^{mI} y^{m-1} \exp(-y)\,\mathrm{d}y \tag{5.28}$$

根据式(5.26)可以计算一次电离层事件中接收信号在给定门限以上或以下的时间百分比。例如,信号比平均值低 X 的时间概率为 $P(10^{-X/10})$,信号比平均值高 Y 的时间概率为 $1 - P(10^{Y/10})$。

大量的观测结果表明,电离层闪烁功率谱密度在 $f^{-6} \sim f^{-1}$ 之间变化,典型的功率谱密度如图 5 – 24 所示。

图中,A 表示闪烁事件发生前 30min 电波信号的相对功率谱密度;B 表示闪烁事件开始发生时信号的相对功率谱密度;C、D、E、F 分别表示闪烁事件发生 1h、2h、3h 和 4h 后信号的相对功率谱密度。

在工程应用中,如果没有效测量结果,电离层闪烁功率谱密度随频率变化可按 f^{-3} 计算。

5.3.3　电离层闪烁的统计特征

在卫星通信系统设计时,除了需要考虑单次闪烁事件对系统的影响外,还需要考虑闪烁影响的统计分布特征。

1. 闪烁峰—峰起伏值

闪烁指数与信号峰—峰起伏值 P_{fluc}(dB)之间的关系可近似表示为

$$P_{\mathrm{fluc}} = 27.5 S_4^{1.26} \tag{5.29}$$

利用式(5.29)的计算结果如图 5 – 25 所示。

信号强度 I 的累积分布 $P(I)$ 可通过信号峰—峰起伏值 ξ 的累积分布 $F(\xi)$ 可得

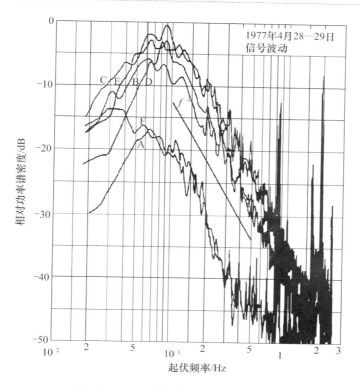

图 5 - 24 1977 年 4 月 28—29 日夜间中国台北观测到的 4GHz 信号功率谱[3]

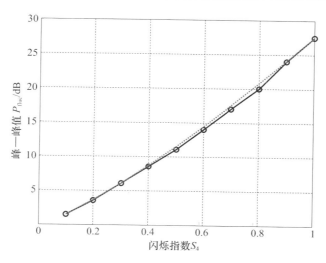

图 5 - 25 闪烁指数与信号峰—峰起伏值关系

$$P(I) = \sum_{i=0}^{n} f_i P_i(I) \tag{5.30}$$

式中：

$$f_0 = F(\xi < \xi_1)$$

$$f_i = F(\xi_i \leqslant \xi < \xi_{i+1}) \quad (i = 1, 2, \cdots, n-1)$$

$$f_n = F(\xi \geqslant \xi_n)$$

$$P_i(I) = \Gamma(m_i, m_i I)/\Gamma(m_i)$$

$$m_i = 1/S_{4i}^2; S_{40} = \left[\frac{1}{27.5} \times \frac{\xi_1}{2}\right]^{1/1.26}; S_{4i} = \left[\frac{1}{27.5} \times \frac{\xi_i + \xi_{i+1}}{2}\right]^{1/1.26} \quad (i = 1, 2, \cdots, n-1)$$

$$S_{4n} = \left[\frac{1}{27.5} \times \frac{\xi_{n-1} + 3\xi_n}{4}\right]^{1/1.26}$$

式中：ξ_1、ξ_n 分别为信号峰—峰值的最小和最大值；n 为用户感兴趣的间隔数。

根据中国香港、台北地区、Bahrein 和 Longovilo 等站 1970 – 1980 年观测的 4GHz 电离层闪烁事件(表 5 – 5)，得到的电离层闪烁峰—峰起伏值与太阳黑子数统计关系如图 5 – 26 所示。

表 5 – 5 中电离层闪烁事件统计[1]

事件	时间	站点	事件数
A	1975—1976 年	中国香港、Bahrein	15
B	1974 年	Longovilo	1
C	1976—1977 年	中国台北地区	2
D	1970—1971 年	12 个站	>50
E	1977—1978 年	中国香港	12
F	1978—1979 年	中国香港	10
G	1979—1980 年	中国香港	6

2. 闪烁效应评估

利用中国香港和台北地区 1975—1980 年期间观测的 4GHz 电离层闪烁事件(表 5 – 6)，得到电离层闪烁峰—峰起伏值年统计如图 5 – 27 所示，其中太阳黑子数为 12 个月滑动平均值，P 实曲线表示位于东面仰角为 20° 的卫星信号实测结果 I 虚曲线表示位于西面仰角 30° 的卫星信号实测结果。

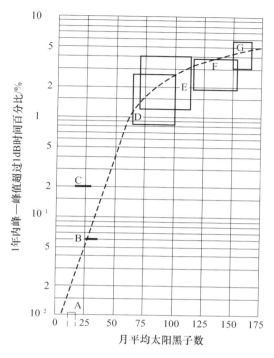

图 5-26 电离层闪烁峰—峰起伏值与太阳黑子数关系[1]

表 5-6 电离层闪烁事件统计[1]

曲线	时间	SSN 范围	站点
I1，P1	1975—1976 年 3 月	10 – 15	中国香港
I2，P2	1976—1977 年 6 月	12 – 26	中国台北地区
I3，P3	1977—1978 年 3 月	20 – 70	中国香港
I4，P4	1977—1978 年 10 月	44 – 110	中国香港
I5，P5	1978—1979 年 11 月	110 – 160	中国香港
I6，P6	1979—1980 年 6 月	153 – 165	中国香港

根据图 5-27，可以通过以下方法对卫星系统的闪烁效应进行评估：

（1）从图 5-27 得到所需时间百分数的 4GHz 卫星信号闪烁的峰—峰起伏值 P_{fluc}；

（2）由 4GHz 卫星信号闪烁的峰—峰起伏值，通过乘以 $(f/4)^{-1.5}$ 得到频率 f 的峰—峰起伏值；

（3）P_{fluc} 随地理位置和每天发生时间的变化，可通过图 5-23 进行定性评估；

（4）在链路余量计算时，信号衰减 L_p 可通过 $L_p = P_{fluc}/\sqrt{2}$ 得到。

131

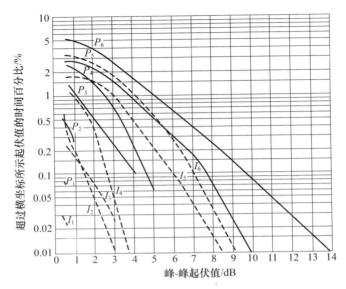

图 5 - 27　4GHz 信号电离层闪烁峰 - 峰起伏值年统计[1]

图 5 - 28 给出了 4GHz 卫星信号强度的长期累计分布示例。

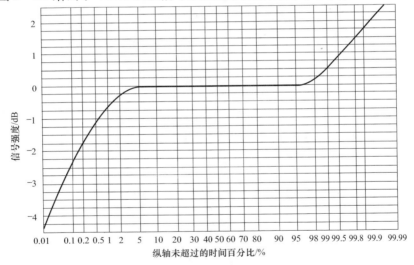

图 5 - 28　卫星信号强度长期累积统计示例(4GHz,20°仰角)[1]

3. 闪烁衰落深度

电离层闪烁衰落深度 $A_I(x)$ 可表示为

$$A_I(x) = \begin{cases} 0, & S_4 < 0.05 \\ -10\lg I(x), & S_4 \geqslant 0.05 \end{cases} \tag{5.31}$$

式中：$A_I(x)$ 为 $x\%$ 时间概率被超过的衰落深度（dB）；$I(x)$ 为 $x\%$ 时间概率被超过的相对接收电平，可定义为

$$I(x) = \frac{P_r}{\overline{P_r}} = \frac{E_r^2}{\overline{E_r^2}} \tag{5.32}$$

式中：P_r 为接收功率电平（dBW）；$\overline{P_r}$ 为平均接收功率（dBW）；E_r 为接收点场强；$\overline{E_r^2}$ 为场强的均方值。

图 5-29 给出了太阳活动高、低年 L 频段（1.5GHz）信号的闪烁衰落深度全球分布，可看出电离层闪烁衰落深度具有如下特点：

（1）太阳活动高年电离层闪烁衰落远大于太阳活动低年；

（2）电离层闪烁引衰落一般发生在晚上 19：00LT 以后，有时持续到早晨 06：00LT；

（3）电离层闪烁衰落高发区域一般发生在地磁赤道附近（地磁纬度 ±20° 以内）；其次是高纬度区域，如极光区和极盖区；在中纬度区域，电离层闪烁发生概率较低，闪烁衰落也较小。

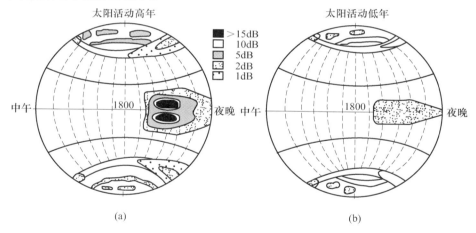

图 5-29　太阳活动高年（a）和低年（b）电离层闪烁衰落深度分布图[1]

对于 3GHz 以上频段系统，除了需要考虑电离层闪烁外，还应该考虑降雨对信号的影响（见第 3 章）。事实上，电离层闪烁衰落和雨衰减是两种不同机制的损耗，但在太阳活动高年，赤道及附近区域这两种不同机制损耗可能同时发生。例如在印度尼西亚 Djutiluhar 地区，试验观测表明，4GHz 信号同时发生电离层闪烁衰落和雨衰减的年发生概率约为 0.06%。当只发生电离层闪烁衰落时，信号不具有去极化现象；当只发生降雨衰落时，信号的起伏幅度相对较小；二者同时发生时，在交叉极化信道内将产生剧烈的信号起伏。

5.3.4 中国电离层闪烁特征

我国南部低纬地区处于赤道附近,属于全球电离层高发区,对我国卫星系统的影响尤为严重。为此中国电波传播研究所利用电波观测站网开展了长期的电离层闪烁观测和研究,通过对我国海口、广州,昆明等电波观测站数据的分析,可更深入了解我国低纬地区电离层闪烁的特征。

1. 中国低纬地区电离层闪烁发生特征

(1) 电离层闪烁与太阳活动具有较强的相关性,太阳活动高年时每天电离层闪烁发生的概率可高达 80% 以上,并且春、秋季发生概率高,夏季和冬季发生概率较低。彩图 5-30 给出 2008 年 12 月至 2014 年 6 月海口站电离层闪烁与太阳活动指数相关性统计结果。其中,红线表示太阳活动指数 F10.7,蓝线表示太阳活动指数 SSN,柱状图表示电离层闪烁发生概率。左侧的纵坐标表示电离层闪烁的发生概率,右侧的纵坐标表示太阳活动指数 SSN,横坐标表示月份。可看出,电离层闪烁发生概率与太阳活动指数 SSN(或 F107)具有较好的正相关性。

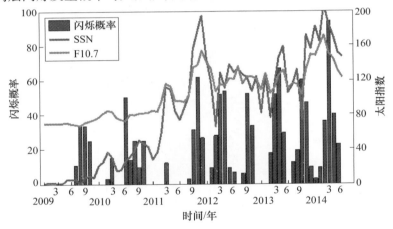

图 5-30 太阳活动指数和电离层闪烁的相关性分析[18]

(2) 闪烁多发生在当地日落之后的夜晚,主要集中在夜间 21:00 LT 至次日凌晨 02:00LT,白天闪烁事件较少发生。

图 5-31 给出我国海南地区电离层高发季节 2004 年秋季(8—10 月)、2005 年春季(2—10 月)电离层闪烁事件与地方时关系。

(3) 我国电离层闪烁主要发生在地理纬度 28°N(地磁纬度约为 18°N)以南的区域。彩图 5-32 给出了利用 GNSS 信号观测的电离层闪烁情况,图中,蓝色区域表示无闪烁地区;灰色区域表示弱闪烁($0.1 \leqslant S_4 < 0.3$ 为弱闪烁),绿色区

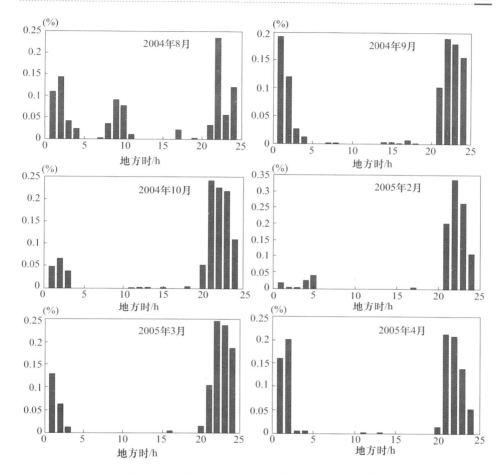

图 5 - 31　海南地区闪烁发生率的地方时变化[18]

域表示中等闪烁(0.3≤S_4<0.6 为中等强度闪烁),红色区域表示强闪烁(S_4≥0.6 为强闪烁)。

（4）在低纬度地区,地磁平静期间电离层闪烁的发生概率较高,而地磁活跃期间,电离层闪烁发生概率相对较低。

图 5 - 33 给出了地磁活动不同时电离层闪烁发生的统计,可看出大部分电离层闪烁发生在地磁平静期,在地磁活动较强时,电离层闪烁受到一定程度的抑制。

2. 中国电离层闪烁衰落的统计分布

针对卫星系统设计,图 5 - 34 给出了我国低纬地区 0.1 ~ 10GHz 频段信号 p%（95%、99%、99.5%、99.9%、99.95%、99.99%）时间概率被超过的电离层闪

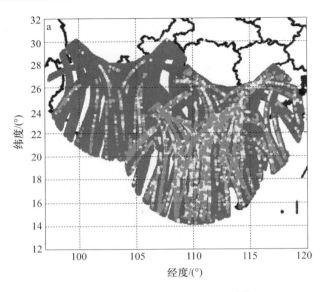

图 5-32 我国电离层闪烁发生区域统计[18]（见彩图）

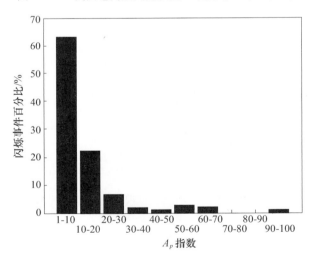

图 5-33 地磁 A_p 指数与电离层闪烁统计[18]

烁衰落深度,横坐标为信号频率(GHz),纵坐标表示衰落深度(dB)。

对于中纬度地区,电离层闪烁发生频率较低,电离层闪烁衰落深度也相对较小,尤其是对于 1GHz 及以上频率,基本可忽略其影响。与图 5-34 类似,图 5-35 给出了中纬度地区 0.1 ~ 1GHz 信号 p% (99%、99.5%、99.8%、99.9%)时间概率被超过的电离层闪烁衰落深度。

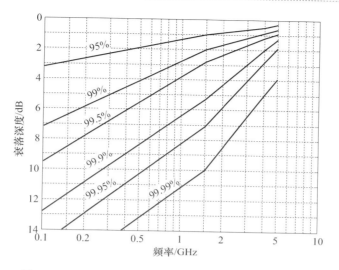

图 5 – 34　$p\%$ 时间概率被超过的电离层闪烁衰落深度[3]

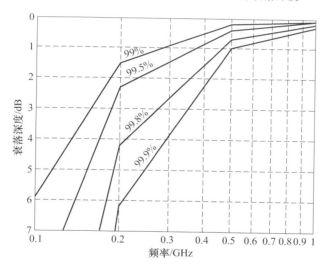

图 5 – 35　中纬度地区 $p\%$ 时间概率被超过的电离层闪烁衰落深度[3]

参考文献

［1］ REC. ITU – R P. 531 – 12：Ionospheric propagation data and prediction methods required for the design of satellite services and systems，2013.

［2］ Louis J，Ippolito Jr. Propagation Effects Handbook for Satellite Systems Design（Fifth Edition）Section 3，

Applications. Jet Propulsion Laboratory，1999.

［3］焦培南，张忠治．雷达环境与电波传播特性．北京：电子工业出版社，2007.

［4］权坤海，戴开良，孙宪儒．GJB1925－94 中国参考电离层．北京：国防工业出版社，1994.

［5］黄捷．电波大气折射误差修正．北京：国防工业出版社，1999.

［6］熊年禄，唐存琛，李兴建．电离层物理概论．武汉：武汉大学出版社，1999.

［7］许正文．电离层对卫星信号传播及其性能影响的研究．西安电子科技大学博士论文．2005.

［8］鲁芳．电离层暴与行扰的 GPS 台网监测与分析．武汉大学博士论文．2004.

［9］刘琨，林乐科，康士峰，等．地基单站 GNSS 在电波环境折射修正中的应用．第三届中国卫星导航学术年会．2012.

［10］Yeh K C and Liu C H Radio－wave scintillations in the ionosphere，Proc. IEEE，70，324－360，1982.

［11］Banerjee P K，Dabas R S，Reddy B M C. L band transionospheric scintillation experiment：some results for applications to satellite radio systems. Radio Sci. 27（6），955－969，1992.

［12］Fremouw E J and Bates H F. Worldwide behavior of average VHF－UHF scintillation，radio science，Vol. 6，No. 10，pp. 863－869，1971.

［13］Wernik A W，Secan J A and Fremouw E J. Ionospheric irregularities and scintillaiton，Adv. Space Res. Vol. 31，No. 4，pp. 971－981，2004.

［14］盛冬生，赵振维，孙树计．Supporting information for Recommendation ITU－R P. 531－11，Section 4：On the Adaptability of GISM model in South China，Doc. 3L/47，2014.

［15］谭辉．中纬度电离层突发 E 层的统计特性及模拟研究．中国科学院博士论文．2004.

［16］王国军．低纬（海南）地区电离层不规则体观测特性研究．中国科学院博士论文．2007.

［17］李婧华．电离层闪烁及不规则体参数反演的方法研究．西安电子科技大学硕士论文．2006.

［18］盛冬生．我国低纬地区电离层闪烁特性及其现报方法研究．电子科学研究院硕士论文．2014.

第6章 无线电噪声与干扰协调

在卫星通信系统中,卫星或地面站在接收信号的同时还会接收各种外部噪声,进而影响卫星通信的质量。特别是由于使用低噪声放大器,使得外部噪声比接收机内部噪声还要大的多,所以在地空卫星通信链路设计时,必须考虑各种外部噪声的影响。此外,卫星地面站与同频地面业务系统之间还会产生相互干扰,在系统建设时,必须进行共存分析,确定地面站的协调距离,在确定协调距离时,除考虑干扰信号的视距传播外,还必须考虑降雨散射和大气波导等超视距传播造成的干扰。

6.1 无线电噪声的定义与分类

无线电噪声定义为一种具有射频分量,且明显不传递信息,可与有用信号叠加或合成的时变电磁现象,分为内部和外部噪声两类。内部噪声产生于接收系统本身(包括天线和传输线),具有热噪声(又称白噪声和高斯噪声)特性。外部噪声除源于太阳等天体、宇宙背景、地球大气、地球表面的无线电辐射和雷电等自然噪声外,还有各种工业、交通、输电、电气和电器设备等产生的人为无线电噪声。人为无线电噪声一般表现为非高斯型,并具有准脉冲特性。不同频率、时间和空间位置所接收到的噪声具有显著的差异。

自然界噪声和人为无线电噪声的主要来源如下。

1. 自然噪声源

(1)大气无线电噪声主要来自闪电放电的电磁辐射;

(2)大气和云雨的电磁辐射,通常用"亮温"表述;

(3)地球表面辐射,包括地面、水面的辐射,也以"亮温"表示;

(4)天体和银河系噪声,包括太阳、月球、行星等天体和星际物质的无线电辐射以及银河系无线电辐射。

2. 人为噪声源

(1)电力线辐射,主要是间隙击穿和电晕放电的电磁辐射,噪声频谱一般在10MHz 以下;

（2）内燃机点火装置的辐射，主要是车辆、轮船、飞机点火系统的火花放电辐射，噪声频谱很宽，从 MF 频段到 VHF 频段，在频率大于 20MHz 时，该类型噪声大于宇宙噪声；

（3）电气铁路辐射，主要由电气机车导电弓架跳离架空线时的电火花产生；

（4）工业、医疗设备泄漏；

（5）各种电器和照明设备辐射。

6.2 太阳及宇宙噪声

宇宙噪声是指宇宙空间各种射电源辐射到达地面形成的噪声。这些辐射电源包括辐射电磁波的太阳、月球、行星等天体和星云等星际物质，它们在很宽的频带上都有很强的辐射。一般而言，对工作频率低于 2GHz 的卫星通信系统而言，必须考虑太阳系和银河系星云的无线电噪声。

6.2.1 银河系噪声

忽略电离层遮挡效应，银河系噪声中值 F_{am}（dB）可由下式给出：

$$F_{am} = 52 - 23\lg f \quad (30\text{MHz} \leqslant f \leqslant 100\text{MHz}) \tag{6.1}$$

式中：f 为频率（MHz）。

由于宇宙的背景噪声约为 2.7K，而银河星云是稍有一点亮度增强的窄区域，所以频率在 2GHz 以上时，仅需要考虑太阳和极少数非常强的非热源，如仙后座 A、天鹅座 A 和 X、蟹星云等。频率为 100MHz ~ 100GHz 时，地球外噪声源的亮温如图 6-1 所示。

不同频率的宇宙背景辐射亮温转换可用下式表示（K）：

$$t_b(f_i) = t_b(f_0)(f_i/f_0)^{-2.75} + 2.7 \tag{6.2}$$

式中：f_0 为参考频率（MHz）；f_i 为需要转换的频率（MHz）。

若要作更精确的计算，则必须考虑整个频率范围和天空的典型变化。对点源来说，亮温强度随频率的变化取决于它不同的物理条件。

6.2.2 天体辐射噪声

太阳是一个具有各种辐射的强噪声源，频率在 50 ~ 200MHz 范围时，噪声温度约 10^6K；频率为 10GHz 时，宁静太阳最小噪声温度约 10^4K，在太阳爆发时，噪声会大大增加。

太阳的轨道在黄道面上，每年春分、秋分时节，太阳经过地球赤道表面，地球同步轨道卫星正处于太阳和地球之间，卫星地面接收天线将正对着太阳。此时，

140

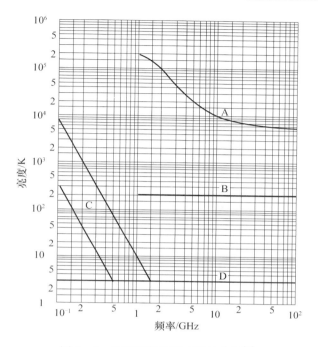

图 6 – 1　地球以外的噪声源的亮温[3]

A—宁静太阳;B—月球;C—银河系噪声范围;D—宇宙噪声。

太阳成为一个极大的噪声源,完全淹没了卫星的信号,造成系统中断,即日凌中断。日凌中断每年发生的时间比较固定,可对其进行准确的预报并采取相应的应对措施。

月球位于黄道面 ±5°赤纬范围内。当频率高于 1GHz 时,月球的辐射亮温与频率几乎无关。此外,月球的辐射亮温随时间变化,从新月的 140K 变到满月的 280K。

6.3　地表及对流层噪声

6.3.1　上行链路噪声

对于上行链路而言,地球是成为了一个主要噪声源。从太空观察,地球的噪声温度平均为 254K,当卫星天线的波束指向地球不同地区时,由于介质和地形的不同,噪声温度会有所变化。一般而言,在卫星上接收到的地球表面的噪声温度远大于对流层大气和云雨的噪声温度。

地球表面亮温包括地表发射的辐射和地表对大气向下辐射的反射部分,特

141

定天顶角对应的地球表面亮温计算公式如下：

$$T = \varepsilon T_{\text{surf}} + \rho T_{\text{atm}} \tag{6.3}$$

式中：T 为地球表面亮温（K）；ε 为地表面等效辐射系数；ρ 为地面等效反射系数；T_{surf} 为地球表面的物理温度（K）；T_{atm} 为晴空亮温的权平均（K）。

当频率低于100GHz，特别是低于10GHz时，地面等效反射系数 ρ 一般较高，而地表面等效辐射系数 ε 则比较低。该计算包括了所有角度向下辐射的积分并计入了大气层的衰减。

1. 海面噪声

图6-2(a)、(b)分别给出了不同情形下海面辐射系数和亮温变化，其中图6-2(a)给出了两个入射角（0°和45°）光滑海面辐射系数和亮温的垂直和水平极化分量。在频率高于5GHz时，淡水和盐水的等效辐射系数相同。图6-2(b)分别给出了三个频率(1.4GHz、10GHz、37.5GHz)海面的天底亮温与海面物理温度的对应关系。

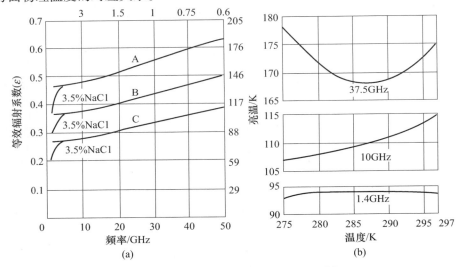

图6-2　海面辐射系数和亮温的变化[3]

(a)光滑海面辐射(% 为盐分值)；(b)不同海面温度、不同频率天底亮温(盐分值为3.6%)。
A—垂直极化；B—0°和45°入射角；C—水平极化。

同时，随着海面风速的增大，海面的亮温将增加，这种现象为监测、遥感风暴提供了依据。

2. 陆地噪声

由于陆地介电常数低，陆地的辐射亮温高于水面。图6-3(a)给出了不同含水量光滑陆地的辐射亮温；图6-3(b)给出了不同粗糙度陆地的辐射亮温。

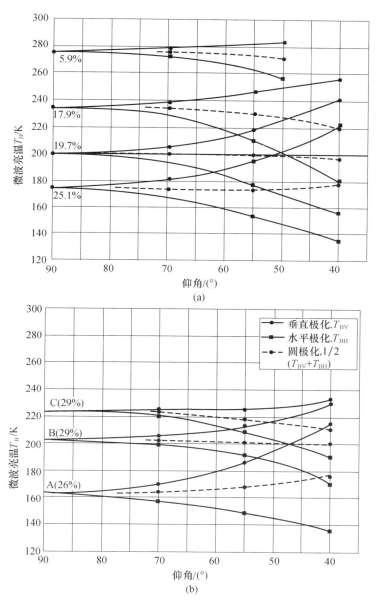

图 6-3　1.43GHz 陆地亮温与仰角关系[3]

（a）裸露的光滑陆地；（b）A—光滑陆地；B—中等粗糙陆地；C—粗糙陆地（深耕地）。

图中给出了垂直、水平和圆极化三种情形。随着水汽密度增加,辐射亮温则降低;随着地面粗糙度增高,辐射亮温则相应升高。

对于波束覆盖地球(地球在其主瓣的 3dB 内)的同步轨道卫星,地球加权亮温如图 6-4 所示,其中横坐标表示卫星经度。水汽密度为 2.5g/m³,云覆盖为 50%,地球覆盖波瓣图由 $G(\phi) = -3(\phi/8.715)^2$ dB 给出,φ 为标准角,且 $0° \leq \varphi \leq 8.715°$。

从图 6-4 中可看出,位于经度 30°E 附近的非洲大陆的噪声温度较大,而位于 180°W~150°W 区域,受冷的太平洋影响,噪声温度较低。同时,由于大气吸收的增大,辐射亮温随着频率增大而升高。

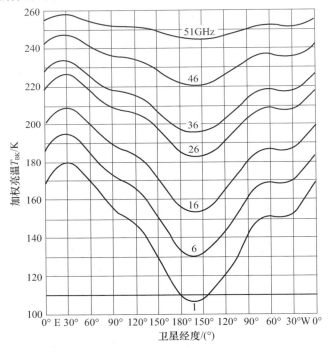

图 6-4 1~51GHz 不同经度同步轨道卫星地球加权亮温[3]

6.3.2 下行链路噪声

1. 晴空大气噪声

图 6-5 给出了地面接收机接收的大气层气体亮温,扣除了 2.7K 的银河系背景噪声和其他天体源的影响,其中包括了 1~340GHz 范围内不同频率大气辐射亮温,图 6-6 是对图 6-5 中 1~60GHz 放大部分。图中曲线是基于辐射转

换公式计算获得的,大气模型的输入参数如下:表面水汽密度为7.5g/m³,表面温度为288K,水汽标高为2km。图中给出了0°、5°、10°、20°、30°、60°和90° 共7个典型仰角的辐射亮温值,图中表面温度为15℃,压力为1023hPa。

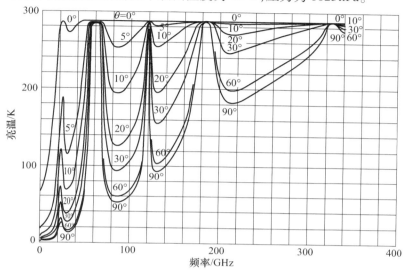

图6-5 水汽密度为7.5g/m³ 时晴空大气辐射亮温(1~340GHz)[7]

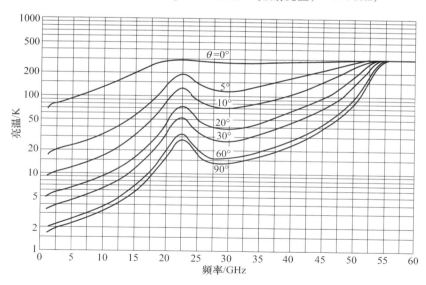

图6-6 晴空大气亮温(1~60GHz)[7]

美国开展了考虑云效应的辐射传输特性研究,利用数据气象数据分析了天顶亮温的统计特性,该数据库含有 15 个站 15 年的气象观测数据。图 6-7 给出了美国两个站 Yuma Arizona 站(1961 年,年降雨量为 5.5cm)和 New York 站(1959 年,年降雨量为 98.5cm)5 个不同频率(10GHz、18 GHz、32 GHz、44 GHz、90 GHz)的天顶辐射亮温的统计分布。

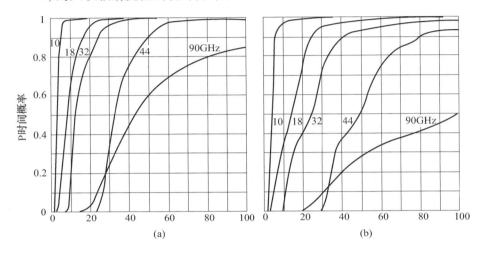

图 6-7　典型年份天顶亮温低于横坐标值的时间概率[7]

(a)Yuma Arizona 站天顶方向大气噪声温度;(b)New York 站天顶方向大气噪声温度。

从图 6-7 可看出,当亮温非常低时,也即水汽密度非常低(低于 3g/m³)时,90GHz 天顶噪声温度可能低于 44GHz 的值;当水汽密度为 7.5g/m³ 时,90GHz 和 44GHz 的亮温几乎相同。

2. 云雨噪声

对于配置低噪声前端的地球站,噪声温度的增加对信噪比的影响可能比衰减更严重。卫星通信通常采用大气吸收的窗口频段。在这些频段,大气的吸收衰减较小,其噪声也比较小,主要考虑云和降雨的噪声。此时地面站天线噪声温度可用下式计算:

$$T_{sky} = T_{mr}(1 - 10^{-A/10}) + 2.7 \times 10^{-A/10} \qquad (6.4)$$

式中:T_{sky} 为进入天线的大气噪声温度(K);A 为路径衰减(dB);T_{mr} 为大气平均辐射温度(K)。

当表面温度 T_S 已知时,大气平均辐射温度可由下式得到:

$$T_{mr} = 37.34 + 0.81 \times T_S \qquad (6.5)$$

在缺乏当地数据时,T_{mr} 可近似取 275K。

6.4　卫星通信地球站协调区

卫星通信网和地面微波中继通信网通常均采用 1GHz 以上频率。为了保证各个网络的传输质量,在建立一个新网以前必须对各个通信网络之间的干扰进行估算。如果估算的干扰数值超过了无线电规则所规定的指标,则必须进行协调,并采取相应的措施,这样才能保证新通信网的投入运行。否则,将会由于干扰太大而无法正常工作。因此,建立一个卫星通信网,干扰的估计与协调无疑是一项非常重要的工作。

当卫星通信与地面微波中继站通信共用 1 ～ 40GHz 频段时,地面中继站的发射信号会与地球站接收端的信号产生干扰,地球站的发射信号会对地面中继站接收端产生干扰。为了维持正常的通信,就要求地球站与地面中继站之间有一定的距离。当两者大于这一距离时,干扰可以忽略,这个距离就称为协调距离。将地球站各个方位上协调距离的端点连接起来形成的区域就是协调区域。要确定一个地球站的协调区域,首先需要确定协调距离。为此应考虑各种因素,如干扰信号的传输损耗、大气影响、站址附近的地形、天线的方向性以及可容忍干扰信号出现的时间概率等。

6.4.1　协调距离

对于卫星通信网的地球站和地面微波中继通信网地面站之间的干扰计算主要考虑两种传播模式,即晴空传播模式和降雨散射模式。下面针对这两种效应给出计算协调距离的方法。

1. 计算方法概述

当利用晴空传播模式进行协同距离计算时,针对以下三个频段采用不同方法进行计算:

(1) 100MHz ～ 790MHz 的 VHF/UHF 频段,采用基于实测数据拟合得到的经验传播模式;

(2) 790MHz ～ 60GHz:考虑对流层散射、大气波导和层结反射/折射效应;

(3) 60GHz ～ 105GHz:基于自由空间传播损耗和保守估计水汽吸收效应,并考虑小时间概率的信号增强。

考虑降雨散射效应来确定协调距离时,应考虑各干扰站主波束在公共散射体内由降雨产生的各向同性散射。当进行频率协调时,可以忽略降雨对于 1GHz ～ 40.5GHz 之外频率产生的干扰。这是因为 1GHz 以下降雨散射信号的电平很低,40.5GHz 以上时虽然会发生显著的散射,但散射信号从散射体到地面站的路径中会经受较大的雨衰减。

2. 协调距离极值的确定

在进行协调距离计算时首先需要确定最大协调距离和最小协调距离。在计算晴空传播效应的协调距离时从最小协调距离增大,不能超过最大协调距离。考虑降雨散射效应,协调距离从最大协调距离减小,不能小于最小协调距离。

1) 最小协调距离

降雨散射效应的最小协调距离为 55km。晴空传播效应的最小协调距离 $d_{\min}(\mathrm{km})$ 的计算公式如下:

$$d_{\min}(f) = \begin{cases} d'_{\min}(f), & 0 < f < 40\mathrm{GHz} \\ \dfrac{(54 - f) d'_{\min}(40) + 10(f - 40)}{14}, & 40\mathrm{GHz} \leqslant f < 54\mathrm{GHz} \\ 10, & 54\mathrm{GHz} \leqslant f < 66\mathrm{GHz} \\ \dfrac{10(75 - f) + 45(f - 66)}{9}, & 66\mathrm{GHz} \leqslant f < 75\mathrm{GHz} \\ 45, & 75\mathrm{GHz} \leqslant f < 90\mathrm{GHz} \\ 45 - \dfrac{(f - 90)}{1.5}, & 90\mathrm{GHz} \leqslant f \leqslant 105\mathrm{GHz} \end{cases} \quad (6.6)$$

$$d'_{\min}(f) = 100 + \frac{(\beta_p - f)}{2} \quad (6.7)$$

式中:f 为频率(GHz);$d'_{\min}(40)$ 表示 f 取 40GHz 时的晴空最小协调距离(km);上式适用频率 f 的上限为 40GHz。β_p 为无线电气象学参数,由下式给出:

$$\beta_p = \begin{cases} 10^{1.67 - 0.015\zeta_r}, & \zeta_r \leqslant 70° \\ 4.17, & \zeta_r > 70° \end{cases} \quad (6.8)$$

式中:ζ_r 由地球站纬度值 $\zeta(°)$ 确定:

$$\zeta_r = \begin{cases} |\zeta| - 1.8 & |\zeta| > 1.8° \\ 0 & |\zeta| \leqslant 1.8° \end{cases}$$

2) 最大协调距离

在晴空传播效应和降雨散射效应的协调距离迭代计算中,需要分别设定最大协调距离 $d_{\max 1}(\mathrm{km})$ 和 $d_{\max 2}(\mathrm{km})$。晴空传播效应的最大计算距离 $d_{\max 1}$ 由下式给出:

$$d_{\max 1} = \begin{cases} 1200, & f \leqslant 60\mathrm{GHz} \\ 80 - 10\lg\left(\dfrac{p_1}{50}\right), & f > 60\mathrm{GHz} \end{cases} \quad (6.9)$$

降雨散射效应的最大协调距离 $d_{\max 2}$ 由表 6-1 给出。

表 6-1　降雨散射效应的最大协调距离

纬度/°	0~30	30~40	40~50	50~60	>60
距离/km	350	360	340	310	280

6.4.2　晴空传播的协调距离

1. 无线电气候区域的划分

在进行协调距离分析时,一般将全球划分为 4 个无线电气候区域:

(1)区域 B:纬度大于 30° 的冷海、大洋和大的内陆水域,但不包括地中海和黑海;

(2)区域 C:纬度小于 30° 的暖海、大洋和大的内陆水域,以及地中海和黑海;

(3)区域 A1:沿海陆地和海岸地区,即邻接区域 B 或区域 C 地区直至比海平面或水平面高 100m 的地区,但限制与最近的区域 B 或区域 C 的最大距离为 50km;没有 100m 高程等值线的精确资料时,可采用近似值;

(4)区域 A2:除了上面区域 A1 中定义的沿海陆地和海岸地区之外的全部陆地。

对于面积较大的内陆水域、内陆湖泊或高湿地区域需进行以下近似:面积较大的内陆水域是指位于区域 B 或区域 C 内面积至少为 7800km² 的水域,但不包括河流地区。此类水域中的岛屿如果其面积的 90% 以上不比平均水平面高出 100m,则在计算该地区时将它划归为水域。在水域的计算中,不满足这些准则的岛屿应划归为陆地。当大于 7800km² 的大湿地区域内包含许多小湖泊或河流网时,如果该地区内 50% 以上为水域,并且 90% 以上的陆地不比平均水平面高出 100m,则将其确定为沿海区域 A1。

2. 最坏月协调距离

协调距离通常是基于不超出年平均 $p_1\%$ 时间概率的干扰电平确定的。当协调距离要求不超过最坏月 $p_{w1}\%$ 时间概率时,p_1 可由下式计算:

$$p_1 = 10^{\frac{\lg(p_{w1}) + \lg(G_L) - 0.444}{0.816}}$$ (6.10)

其中:

$$G_L = \begin{cases} \sqrt{1.1 + |\cos 2\zeta_r|^{0.7}}, & \zeta_r \leqslant 45° \\ \sqrt{1.1 - |\cos 2\zeta_r|^{0.7}}, & \zeta_r > 45° \end{cases}$$ (6.11)

并且 p_1 需要满足条件为 $12p_1 \geqslant p_{w1}$。

3. 晴空传播效应协调距离计算

考虑晴空传播效应时，由于地球站周围地形会形成对地球站的屏蔽。因此采用参数 A_h 衡量该屏蔽。由地球站周围场地屏蔽引起的附加损耗沿各个方向进行计算。由表 6-2 确定无线电水平距离 d_h。计算以地球站为顶点，由水平面与掠过屏蔽物之射线间的夹角即水平角 $\theta_h(°)$。屏蔽物高于水平面时 θ_h 为正值。对于地球站周围的全部方向都需要确定其水平角。事实上以 5° 的角度增量进行计算就足够了。然而，每一次计算时都需要确定 5° 增量中是否存在最小的水平角。

表 6-2 无线电水平距离的确定

水平距离范围	无线电水平距离
$d_h < 0.5\text{km}$	0.5km
$0.5\text{km} \leqslant d_h \leqslant 5.0\text{km}$	水平距离
$d_h > 5.0\text{km}$	5.0km

计算沿地球站周围每个方位的水平距离校正 $A_d(\text{dB})$：

$$A_d = 15\left[1 - \exp\left(\frac{0.5 - d_h}{5}\right)\right]\left[1 - \exp\left(-\theta_h f^{1/3}\right)\right] \qquad (6.12)$$

地球站每个方位上地形屏蔽造成的传输损耗 $A_h(\text{dB})$ 为

$$A_h = \begin{cases} -1.5\left[(f+1)^{1/2} - 0.0001f - 1.0487\right], & \theta_h < -0.5° \\ 3\left[(f+1)^{1/2} - 0.0001f - 1.0487\right]\theta_h, & -0.5° < \theta_h < 0° \\ 20\lg(1 + 4.5\theta_h f^{1/2}) + \theta_h f^{1/3} + A_d, & \theta_h \geqslant 0° \end{cases} \qquad (6.13)$$

且 A_h 值需满足下列条件：

$$-10 \leqslant A_h \leqslant (30 + \theta_h) \qquad (6.14)$$

下面分别介绍使用不同频段的卫星通信系统协调距离的确定方法。

1) 100MHz ~ 790MHz

首先从最小距离开始，利用不同路径类型计算基本传输损耗，进行迭代。
每次迭代计算开始时的距离为

$$d_i = d_{\min} + i \cdot s \quad (i = 0, 1, 2, \cdots) \qquad (6.15)$$

对于不同类型路径的传播损耗由下式计算：

$$L_{bl}(p_1) = 142.8 + 20\lg f + 10\lg p_1 + 0.1d_i \quad (\text{路径均在区域 A1 或 A2 内})$$

$$L_{bs}(p_1) = 49.91\lg(d_i + 1840f^{1.76}) + 1.195f^{0.393}(\lg p_1)^{1.38}d_i^{0.597}$$
$$+ (0.01d_i - 70)(f - 0.1581) + (0.02 - 2 \times 10^{-5}p_1^2)d_i$$

150

$$+9.72 \times 10^{-9} d_i^2 p_1^2 + 20.2 （路径在区域 \, B \, 内）$$

$$L_{bs}(p_1) = 49.343 \lg(d_i + 1840 f^{1.58}) + 1.266 (\lg p_1)^{(0.468 + 2.598 f)} d_i^{0.453}$$

$$+(0.037 d_i - 70)(f - 0.1581) + 1.95 \times 10^{-10} d_i^2 p_1^3$$

$$+20.2 （路径在区域 \, C \, 内）$$

当前距离下的基本传输损耗由下式给出：

$$L_2(p_1) = L_{bs}(p_1) + \left[1 - \exp\left(-5.5 \left(\frac{d_{tm}}{d_i} \right)^{1.1} \right) \right](L_{bl}(p_1) - L_{bs}(p_1)) \quad (6.16)$$

式中：$d_{tm}(\mathrm{km})$ 为当前距离内区域 A1 和区域 A2 中最长的连续陆地（内陆 + 沿海）距离。

迭代需满足以下关系式：

$$L_2(p_1) \geqslant L_1(p_1) \quad\quad (6.17)$$

或者

$$d_i \geqslant d_{\mathrm{max1}}$$

建议的距离增量 s 为 1 km，则：

$$L_1(p_1) = L_b(p_1) - A_h \quad\quad (6.18)$$

式中：$L_1(p_1)(\mathrm{dB})$ 为 $p_1\%$ 时间概率要求的最小的基本传输损耗。

该计算方法适用于年时间概率 $p_1\%$ 的范围为 1% ~5%。至此，本次迭代完成，并比较 $L_2(p_1)$ 与 $L_1(p_1)$ 以及 d_i 与 d_{max1} 的关系，决定下一步继续迭代还是终止。

2）790MHz ~60000MHz

对于这一频段主要考虑对流层散射、大气波导以及层结反射、折射。这里给出的传播模型可应用于年平均时间概率在（0.001% ~50%）的范围内。应用迭代方法进行估计，首先从最小协调距离 d_{min} 开始，以合适的递增步长对距离 $d_i(i = 0,1,2,\cdots)$ 实施迭代。其中：

$$d_i = d_{\mathrm{min}} + i \cdot s \quad\quad (6.19)$$

在地球表面各方位角上距离 d_i 处，从 ITU - R P.836 建议书中可得到 50% 时间概率被超过的水蒸气密度 $\rho_i(\mathrm{g/m^3})$。然后计算水汽吸收造成的距离依赖性衰减：

$$A_g = (\gamma_o + \gamma_d) d_i + \sum_{n=0}^{i} \gamma_w(\rho_n) \cdot s \quad\quad (6.20)$$

式中：γ_d 为大气波导衰减率（dB/km），可定义为

$$\gamma_d = 0.05 f^{1/3} \qquad (6.21)$$

γ_o 为干燥空气的衰减率(dB/km),可定义为

$$\gamma_o = \begin{cases} \left[7.19 \times 10^{-3} + \dfrac{6.09}{f^2 + 0.227} + \dfrac{4.81}{(f-57)^2 + 1.50} f^2 \times 10^{-3} \right], & f \leqslant 56.77 \\ 10, & f > 56.77 \end{cases}$$

$$(6.22)$$

$\gamma_w(\rho)$ 为水汽衰减率(dB/km),可定义为

$$\gamma_w(\rho) = \left(0.050 + 0.0021\rho + \frac{3.6}{(f-22.2)^2 + 8.5} \right) f^2 \rho \times 10^{-4} \qquad (6.23)$$

对于流层散射传播中水汽衰减率采用的水蒸气密度为 3.0g/m^3,则

$$\gamma_{wt} = \gamma_w(3.0) \qquad (6.24)$$

从 ITU – R P.836 建议书中获得地球站处的水蒸气密度中值 ρ_0 以及沿各方位角上距离 $d_{\min}$ 处的水蒸气密度 $\rho_{d\min}$。

计算区域依赖性参数:

$$\tau = 1 - \exp\left[-(4.12 \times 10^{-4} d_{1m}^{2.41}) \right] \qquad (6.25)$$

$$\mu_1 = \left[10^{\frac{-d_{tm}}{16 - 6.6\tau}} + \left[10^{-(0.496 + 0.354\tau)} \right]^5 \right]^{0.2}, \quad (\mu_1 \text{ 应满足 } \mu_1 \leqslant 1) \qquad (6.26)$$

$$\sigma = -0.6 - \varepsilon_L \times 10^{-9} d_i^{3.1} \tau, \quad (\sigma \text{ 应满足 } \sigma \geqslant -3.4) \qquad (6.27)$$

$$\mu_2 = (2.48 \times 10^{-4} d_i^2)^{\sigma}, \quad (\mu_2 \text{ 应满足 } \mu_2 \leqslant 1) \qquad (6.28)$$

$$\mu_4 = \begin{cases} 10^{(-0.935 + 0.0176\zeta_r)\lg\mu_1} & \zeta_r \leqslant 70^0 \\ 10^{0.3\lg\mu_1} & \zeta_r > 70 \end{cases} \qquad (6.29)$$

计算大气波导发生率 β 和相关参数 Γ,二者用于计算基本传输衰减的时间依赖性:

$$\beta = \beta_p \cdot \mu_1 \cdot \mu_2 \cdot \mu_4 \qquad (6.30)$$

$$\Gamma = \frac{1.076}{(2.0058 - \lg\beta)^{1.012}} \exp\left[-(9.51 - 4.8\lg\beta + 0.198(\lg\beta)^2) \times 10^{-6} d_i^{1.13} \right]$$

$$(6.31)$$

计算大气波导中依赖距离的衰减部分:

$$L_5(p_1) = A_g + (1.2 + 3.7 \times 10^{-3} d_i) \lg\left(\frac{p_1}{\beta}\right) + 12\left(\frac{p_1}{\beta}\right)^{\Gamma} \qquad (6.32)$$

计算对流层散射依赖距离的衰减部分:

$$L_6(p_1) = 20\lg d_i + 5.73 \times 10^{-4}(112 - 15\cos(2\zeta))d_i + (\gamma_o + \gamma_{wt})d_i \tag{6.33}$$

（1）考虑大气波导发生时。

计算海面大气波导的衰减校正量（dB）：

$$A_c = \frac{-6}{(1+d_c)} \tag{6.34}$$

式中 d_c（km）为从陆基地球站到所考虑方向上的海岸距离，在其他环境中 d_c 为零。

计算非距离依赖性部分的衰减（dB）：

$$A_1 = 122.43 + 16.5\lg f + A_h + A_c + A_w \tag{6.35}$$

计算依赖距离衰减的最小要求值（dB）：

$$L_3(p_1) = L_b(p_1) - A_1 \tag{6.36}$$

设定一个对附加的链路和地形高度等相关的其他衰减进行控制的因数：

$$\varepsilon_L = 8.5 \tag{6.37}$$

（2）考虑对流层散射时。

计算其频率依赖性的损耗部分（dB）：

$$L_f = 25\lg f - 2.5\left[\lg\left(\frac{f}{2}\right)\right]^2 \tag{6.38}$$

计算非距离依赖性的损耗部分（dB）：

$$A_2 = 187.36 + 10\theta_h + L_f - 0.15N_0 - 10.1\left(-\lg\left(\frac{p_1}{50}\right)\right)^{0.7} \tag{6.39}$$

式中：θ_h 为地球站水平仰角（°）；N_0 为路径中心海平面的表面折射率。

计算距离依赖性衰减的最小要求值（dB）：

$$L_4(p_1) = L_b(p_1) - A_2 \tag{6.40}$$

在迭代处理中首先对式（6.22）~式（6.40）进行计算，然后从最小协调距离 $d_{\min}$ 开始，以合适的递增步长按公式（6.19）——式（6.33）对距离 d_i 实施迭代（$i = 0,1,2\cdots$）。每次迭代中 d_i 视为当前距离。继续这一处理，直至下面的两个表达式均成立：

$$L_5(p_1) \geq L_3(p_1) \tag{6.41}$$

$$L_6(p_1) \geq L_4(p_1), d_i \geq d_{\max 1} \tag{6.42}$$

然后，由最后一次迭代获得协调距离 d_1，该计算方法适用于年时间概率

$p_1\%$ 的范围为 $0.001\% \sim 50\%$。建议的距离增量 s 为 1km。

3) $60 \sim 105\text{GHz}$

在 $60 \sim 105\text{GHz}$ 的毫米波频率范围内,主要考虑自由空间衰减和水汽吸收,并加上小时间概率的信号增强。

计算 $60 \sim 105\text{GHz}$ 频率范围内干燥空气的衰减率(dB/km):

$$\gamma_{\text{om}} = \begin{cases} \left[2 \times 10^{-4}(1 - 1.2 \times 10^{-5}f^{1.5}) + \dfrac{4}{(f-63)^2 + 0.936} + \right. & \\ \left. \dfrac{0.28}{(f-118.75)^2 + 1.771} \right]f^2 6.24 \times 10^{-4}, & (f > 63.26\text{GHz}) \\ & (f \leqslant 63.26\text{GHz}) \\ 10, & \end{cases}$$

$$(6.43)$$

由下式计算水蒸气密度为 3g/m^3 时的水汽吸收:

$$\gamma_{\text{wm}} = (0.039 + 7.7 \times 10^{-4}f^{0.5})f^2 2.369 \times 10^{-4} \qquad (6.44)$$

计算大气吸收衰减:

$$\gamma_{\text{gm}} = \gamma_{\text{om}} + \gamma_{\text{wm}} \qquad (6.45)$$

按式(6.13)计算 A_h,然后计算非距离依赖的基本传输损耗:

$$L_7 = 92.5 + 20\lg f + A_h \qquad (6.46)$$

计算距离依赖性损耗的最小要求值(dB):

$$L_8(p_1) = L_b(p_1) - L_7 \qquad (6.47)$$

迭代过程计算。

每次迭代距离为($i = 0, 1, 2, \cdots$)

$$d_i = d_{\text{min}} + i \cdot s \qquad (6.48)$$

计算当前距离的距离依赖性损耗:

$$L_9(p_1) = \gamma_{\text{gm}}d_i + 20\lg d_i + 2.6\left[1 - \exp\left(\dfrac{-d_i}{10}\right)\right]\lg\left(\dfrac{p_1}{50}\right) \qquad (6.49)$$

需要满足:

$$L_9(p_1) \geqslant L_8(p_1) \qquad (6.50)$$

或

$$d_i \geqslant d_{\text{max1}} \qquad (6.51)$$

其中,最后一次迭代获得的距离就是要求的协调距离,该计算方法适用的时间概率 $p_1\%$ 范围为 $0.001\% \sim 50\%$。

6.4.3　降雨散射效应的协调距离

对于降雨散射效应协调距离的确定,是与地球大圆周传播机理不同的路径几何关系基础上预测的。降雨将造成各向同性的能量散射,因而会造成大散射角的干扰,并使波束与大圆周路径不相交。对传播计算方法不再采用前面将地球表面划分成内陆、沿海和海面三种区域。

1. 降雨散射效应协调距离的计算

降雨散射干扰协调距离的确定方法是基于收发分置雷达方程,采用地球站天线的"窄波束"近似,由于其天线增益能对消从散射体到地球站天线的扩散衰减。因此,该干扰协调距离主要取决于从地面站到散射体即雨区的路径长度。该方法适用于 $1 \sim 40.5 \text{GHz}$ 频率范围。该频率范围之外,可以忽略降雨散射的干扰。由式(6.6)确定其最小协调距离。降雨散射效应的几何关系如图 $6-8$ 所示。

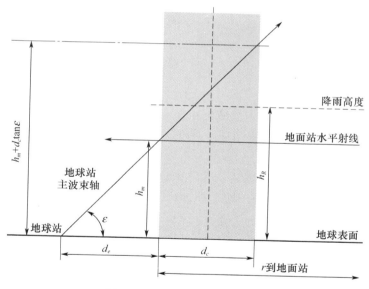

图 $6-8$　降雨散射效应示意图

由下式计算传输损耗 $L_r(p_2)$:

$$L_r(p_2) = 173 + 20\lg r_i - 20\lg f - 14\lg R(p_2) - 10\lg C + 10\lg S - G_T + A_g$$

$$(6.52)$$

式中:C 为总的有效散射传输函数;$10\lg S$ 为瑞利散射偏差,其仅适用于雨顶高度以下的降雨散射;A_g 为大气造成的衰减;G_T 为地面站天线的增益。分别由如下公式计算：

$$C = \Gamma_b C_b + \Gamma_a C_a \tag{6.53}$$

$$10\lg S = \begin{cases} 0.005(f-10)^{1.7}R(p_2)^{0.4}, & 10\text{GHz} \leqslant f \leqslant 40\text{GHz} \\ 0, & f < 10\text{GHz 或 } C_b = 0 \end{cases} \tag{6.54}$$

$$A_g = \gamma_o(d_{to} + d_{ro}) + \gamma_{wv}(d_{tv} + d_{rv}) \tag{6.55}$$

式中：Γ_b 为由雨散射引起的路径衰减；Γ_a 为由融化层和冰晶散射引起的路径衰减；C_b 为雨散射的有效散射传输函数；C_a 为融化层和冰晶散射的传输函数。分别由以下公式计算获得：

$$\Gamma_b = \exp\left[-0.23\left(\frac{\Gamma_1}{\cos\varepsilon} + \Gamma_2 \right) \right] \tag{6.56}$$

$$\Gamma_a = \exp\left[-0.23\left(\frac{\Gamma_1}{\cos\varepsilon} + \gamma_R \frac{h_c - h_m}{\sin\varepsilon} \right) \right] \tag{6.57}$$

$$C_b = \frac{4.34}{\gamma_R(1 + \cos\varepsilon)} \left[1 - \exp\left\{ -0.23\gamma_R(h_c - h_m)\frac{\sin\varepsilon}{1 - \cos\varepsilon} \right\} \right] \tag{6.58}$$

$$C_a = \frac{0.67}{\sin\varepsilon_s} \left[\exp\{ -1.5(h_c - h_R) \} - \exp\{ -1.5(h_m - h_R + d_c\tan\varepsilon) \} \right] \tag{6.59}$$

式(6.56) ~ 式(6.59)中：Γ_1 为从波束相交点到地球站的衰减(dB)；Γ_2 为从当前距离点到波束相交点的衰减(dB)，ε 为地球站天线的仰角(°)；h_c 为波束相交处的雨区与区域相关的参数；h_m 为地面站天线波束与地球站天线波束间在地面之上相交点的高度(km)；γ_R 为雨衰减率(dB/km)。

从波束相交点到地球站的衰减 Γ_1 计算公式如下：

$$\Gamma_1 = \begin{cases} \gamma_R r_m \left[1 - \exp\left(-\frac{d_e}{r_m} \right) \right], & h_m \leqslant h_R \\ \gamma_R r_m \left[\exp\left(-\frac{(h_m - h_R)\cot\varepsilon}{r_m} \right) - \exp\left(-\frac{d_e}{r_m} \right) \right], & h_m > h_R \end{cases} \tag{6.60}$$

式中：d_e 为从地球站到雨区边缘的水平距离(km)；r_m 为公共散射体之外衰减的比例距离(km)。分别由下式计算：

$$d_e = r_E \arcsin\left(\frac{r_r}{h_m + r_E}\cos\varepsilon \right) \tag{6.61}$$

$$r_m = 600R(p_2)^{-0.5} \times 10^{-\eta} \tag{6.62}$$

式中：$R(p_2)$ 为地球站 p_2% 时间概率被超过的降雨率(mm/h)，当无法获得本地数据时可利用 ITU – R P. 837 建议书确定;r_r 为从波束相交点到地球站的路径长度(km);η 为中间参量。

分别由下式计算:

$$r_r = \sqrt{r_E^2 \sin^2\varepsilon + h_m^2 + 2h_m r_E} - r_E \sin\varepsilon \qquad (6.63)$$

$$h_m = r_E\left(\frac{1}{\cos\delta} - 1\right) \qquad (6.64)$$

$$\eta = (R(p_2) + 1)^{0.19} \qquad (6.65)$$

式中:r_E 为地球有效半径(km)(取值为 8500km);δ 为当前距离 r_i 上雨区与地球表面点间的夹角(°),可定义为

$$\delta = \frac{r_i}{r_E} \quad (\text{rad}) \qquad (6.66)$$

从当前距离点到波束相交点的衰减 Γ_2 由下式计算:

$$\Gamma_2 = \gamma_R r_m\left[1 - \exp\left(-\frac{r_t}{r_m}\right)\right] \qquad (6.67)$$

式中:r_t 为从地面站到波束相交点的路径长度(km),可定义为

$$r_t = h_m\sqrt{1 + 2\frac{r_E}{h_m}} \qquad (6.68)$$

波束相交处的雨区与区域相关的参数为

$$h_c = \begin{cases} h_m, & h_R \leqslant h_m \\ h_R, & h_m < h_R < h_m + d_c\tan\varepsilon \\ h_m + d_c\tan\varepsilon, & h_R \geqslant h_m + d_c\tan\varepsilon \end{cases} \qquad (6.69)$$

式中:d_c 为雨区直径(km),

$$d_c = 3.3R(p_2)^{-0.08} \qquad (6.70)$$

式中:γ_o 为干燥空气衰减率(dB/km);γ_{wv} 为水蒸气衰减率(dB/km)。由下式分别计算:

$$\gamma_o = \left[7.19\times10^{-3} + \frac{6.09}{f^2 + 0.227} + \frac{4.81}{(f-57)^2 + 1.5}\right]f^2 \times 10^{-3} \qquad (6.71)$$

$$\gamma_{wv} = \left[0.050 + 0.0021\rho + \frac{3.6}{(f-22.2)^2 + 8.5}\right]f^2\rho \times 10^{-4} \qquad (6.72)$$

式中:ρ 为地球站 50% 时间概率被超过的地面水蒸气密度(g/m³),由 ITU – R P. 836 建议书确定。为简化起见在确定降雨散射的协调距离等值线时假设水蒸气密度在路径上为常数。

式中：d_{to} 和 d_{tv} 为氧气等效路径和水汽等效路径（km）。d_{ro} 和 d_{rv} 为表征氧气和水汽从地球站到雨区的等效路径（km）。分别由下式计算：

$$d_{to} = \begin{cases} 0.9r_t, & r_t < 270\text{km} \\ 243 + 0.4(r_t - 270), & r_t \geqslant 270\text{km} \end{cases} \quad (6.73)$$

$$d_{tv} = \begin{cases} 0.85r_t, & r_t < 220\text{km} \\ 187 + 0.4(r_t - 220), & r_t \geqslant 220\text{km} \end{cases} \quad (6.74)$$

$$d_{ro} = 0.8r_r \quad (6.75)$$

$$d_{rv} = 0.5r_r \quad (6.76)$$

上述计算中即使星地通信仰角低至 10° 时，地球站与沿地球站水平方向上雨区位置间的距离通常不大于 30km，所以这两点之间的降雨率和雨顶高度不会有很大差异。

通过迭代计算；从表 6-3 上得到的最大距离 $d_{\max2}$ 开始计算，$r_i(i=0,1,2,\cdots)$ 是雨区与地面站的距离（km）：

$$r_i = d_{\max2} - i \cdot s \quad (6.77)$$

直至满足下式给定的条件：

$$L_r(p_2) < L_b(p_2) \quad (6.78)$$

或

$$r_i < d_{\min} \quad (6.79)$$

此时，由 r_i 的前一个迭代值给出雨区散射的计算距离：

$$d_r = d_{\max2} - (i-1) \cdot s \quad (6.80)$$

如果迭代运算得到 $d_r < d_{\min}$，则取 $d_r = d_{\min}$，迭代运算结束。对于降雨散射效应 $d_{\min} = 55\text{km}$。假设各个方位上雨区造成的散射是各向同性的，则协调等值线为半径为 d_r，中心距地球站为 d_e 的圆形，如图 6-9 所示。

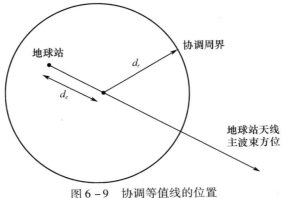

图 6-9　协调等值线的位置

2. 降雨散射效应辅助协调线确定

降雨散射效应的辅助等值线允许地面站天线波束对于考虑协调的地球站位置有方位偏离。图 6 – 10 给出投影于水平面上的降雨散射区域。图中地球站和地面站分别位于点 A 和点 B 处。地面站位置 B 在地球站主波束轴上自点 C 出发由角度 ω 确定的方向上。点 C 是降雨散射效应主等值线或增补等值线的中心,也是辅助等值线的中心。图 6 – 10 中的阴影线区域表示沿地球站主波束轴上在地球站与降雨高度之间的临界区域。这个临界区域内地球站波束与降雨散射效应主等值线或增补等值线内任意一个地面站波束之间会形成一个公共体。该临界区域的长度为 b,最大的水平长度达到点 M。该临界区域与地面站主波束轴的相交处会通过主波瓣与主波瓣间的耦合产生相当大的降雨散射干扰。

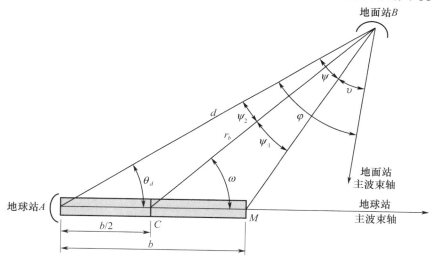

图 6 – 10　水平面内的传播几何关系

对于降雨散射效应主等值线或增补等值线内给定的点,其对临界区域所张的角为临界角 ψ。图 6 – 10 中的保护角 υ 表示地面站主波束轴偏离临界区域的角度。地面站主波束轴与地球站位置之间的回避角为 φ。角 φ 是角 ψ 与角 υ 两者之和,该角度大小对于特定的辅助等值线具有固定的值。通过从点 C 到辅助等值线改变 ω 以及导出的距离 r_b 生成了各个辅助等值线。ω 从 $0°$ 增大至 $360°$ 时,ψ 和 υ 随之变化,但它们的和保持不变。

该方法基于式(6.80)给出的主等值线从距离 d_t 开始,迭代递减地面站与地球站之间的距离 r_b,直至求得满足所要求最小损耗的最短距离 r_b 值,或是到达最小协调距离值。对每一个 r_b 值确定临界角 ψ,然后计算保护角 υ。将对应于保护

角 υ 的地面站天线增益和当前距离 r_b 代入式（6.52）中得到降雨散射效应的路径衰减。对每一个角 ω 重复上面的过程，为给定的波束回避角 φ 产生一个闭合的辅助等值线。降雨散射效应辅助协调线确定方法具体步骤如下：

① 按式（6.80）中说明的计算式对降雨散射效应的主等值线或增补等值线半径 d_r 设定 r_b 值。

② 计算临界角 ψ：

$$\psi_1 = \arctan\left(\frac{b\sin\omega}{2r_b - b\cos\omega}\right) \qquad (6.81)$$

$$\psi_2 = \arctan\left(\frac{b\sin\omega}{2r_b + b\cos\omega}\right) \qquad (6.82)$$

$$\psi = \psi_1 + \psi_2 \qquad (6.83)$$

③ 如果 $\psi > \varphi$，则对于角 ω 的当前值来说降雨散射效应的辅助等值线与降雨散射效应的主等值线相符，对该 ω 值完成计算而转到步骤（10）。否则，进入步骤（4）—步骤（9），直至步骤（6）和步骤（3）中说明的结束条件之一得到满足。

④ r_b 递减 0.2km。

⑤ 应用式（6.81）～式（6.83）重新计算临界角 ψ。

⑥ 如果 $0.5b\sin\omega/\sin\psi_2 < d_{\min}$，则降雨散射效应的辅助等值线与最小协调距离 $d_{\min}$ 相符，对 ω 值完成计算而转到步骤（8）。否则进入步骤（7）。

⑦ 计算保护角 $\upsilon = \varphi - \psi$。

⑧ 应用天线辐射参考方向图，计算相对于波束轴角度为 υ 的地面站天线增益 $G(\upsilon)$。

⑨ 式（6.52）中，用步骤（8）计算的增益取代 G_T，并用新的 r_b 值计算降雨散射效应对应的路径损耗 L_r。如果 $L_r < L_b(p_2)$，则对 r_b 递增 0.2km，将它作为当前视线距离，否则，从步骤（4）起重复。

⑩ 对 ω 的当前值求出新的 r_b 值后，计算相对于地球站位置的角度 θ_d，到等值线点的距离 d 为

$$d = 0.5b\sin\omega/\sin\psi_2 \qquad (6.84)$$

$$\theta_d = \omega - \psi_2 \qquad (6.85)$$

降雨散射效应的辅助等值线沿地球站天线波束主轴呈对称性的。因此，ω 值为 181°～359°时对应的 d 值和 θ_d 值与 ω 值为 $-\omega$～360°$-\omega$ 范围的运算结果相同。大多数情况下 r_b 的增量步长取 0.2km 是合适的。将 r_b 值作为一个集合看，该值可控制运算结果的精度。当地球站波束仰角较小时，d 和 θ_d 可采用更小的步长。

参考文献

［1］丹尼斯·罗迪,张更新等,译.卫星通信.北京:人民邮电出版社,2002.

［2］Maral G, Bousquet M. Satellite communications systems – systems, techniques and technology, Third Edition, John Wiley & Sons.

［3］REC. ITU – R . P372 – 10:Radio Nnoise, 2009.

［4］Rec. ITU – R P. 618 – 10, Propagation data and prediction methods required for the design of Earth – space telecommunication systems, 2009.

［5］Rec. ITU – R P. 620 – 6, Propagation data required for the evaluation of coordination distances in the frequency range 100MHz to 105GHz, 2005.

［6］陈振国,杨鸿文,郭文彬.卫星通信系统与技术.北京:北京邮电大学出版社,2003.

［7］焦培南,张忠治.雷达环境与电波传播特性.北京:电子工业出版社,2007.

［8］刘国梁,荣昆璧.卫星通信.西安:西安电子科技大学出版社,1990.

［9］熊年禄、唐存琛、李兴建.电离层物理概论.武汉:武汉大学出版社,1999.

第7章 卫星系统抗衰落技术与传播设计

前面章节提到的卫星系统电波传播效应与传播预测方法,主要应用于卫星系统链路可靠性设计和干扰协调分析,也可用于卫星系统性能评估。为了克服衰落造成的系统中断,传统的抗衰落手段是系统备余量方法,即通过传播估算满足系统可通率所应小于的衰减值,然后按照衰减值预留系统的功率余量。对于Ku及以上频段的卫星系统,受到越来越严重的雨衰减影响,如果要满足系统高可靠性需求,就必须在上行链路预留较大功率余量,既增加了系统的建造成本和运行成本,且在强降雨多发地区也难以实现。同时,过高的发射功率,还会对其他业务系统造成强烈的干扰,提高干扰协调的难度。对于下行链路,受卫星的载荷限制,预留大功率余量更为困难,所以必须采取一些灵活有效的抗干扰技术,以确保系统高可靠性需求,并合理利用资源,同时也可减少不同业务间的相互干扰。本章主要介绍了卫星通信系统常用的抗衰落技术,并以典型卫星系统为例给出了传播设计流程。

7.1 卫星系统传输性能分析

如图 7 - 1 所示为最简单的卫星通信形式,该卫星链路包含两个通信环路:地球站 A 向卫星发射一个上行链路载波信号 F_{u1},卫星天线和转发器接收到该信号后进行频率变换(差频)并放大后向地球站 B 发射一个下行链路信号 F_{d1},作为应答,地球站 B 也会发射一个上行链路载波信号 F_{u2},经卫星转发后传送至地球站 A,即 F_{d2}。

卫星通信系统中,模拟信号的传输质量由接收机输入端的载波功率与噪声功率的比值即载噪比(Carrier - to - Noise Ratio,CNR)C/N 决定。采用数字调制时,通信质量则通过平均误比特率(Bit Error Ratio,BER)(或误码率)P_b 来衡量。下面分别介绍卫星通信系统的载噪比和误比特率。

7.1.1 载噪比

1. 卫星上行链路载噪比

考虑图 7 - 1 所示基本卫星链路,假设卫星采用透明转发器,地球站发射机

162

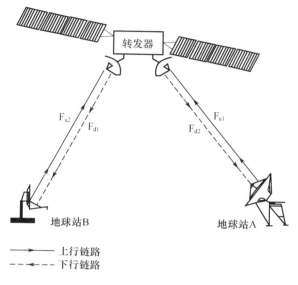

————— 上行链路
------←---- 下行链路

图 7 - 1   基本卫星通信链路

的有效全向辐射功率(Effective Isotropically Radiated Power, EIRP)为 $P_T G_T$, P_T 为各向同性点源发射的功率(W),发射天线增益为 G_T 。晴空时,上行链路信号的衰减只有自由空间衰减、大气衰减和天线跟踪损耗等,条件恶劣时还需要考虑降雨衰减、云雾衰减等的影响。上行链路自由空间衰减为:

$$L_u = (4\pi d_u/\lambda_u)^2 = (4\pi d_u f_u/c)^2 \tag{7.1}$$

用 dB 表示的形式如下:

$$L_u = 92.45 + 20\lg f_u + 20\lg d_u \quad (\text{dB}) \tag{7.2}$$

式中: d_u 为上行链路长度(km); f_u 为上行载波频率(GHz)。上行链路的大气衰减、云衰减和降雨衰减等链路衰减的综合记为 $L_{\ddot{u}}$ 。

假设卫星接收天线的增益为 G_u ,则卫星天线接收到的载波功率为

$$C_u = (P_{\text{EIRP}}) G_u/L_u L_{\ddot{u}} \tag{7.3}$$

上行链路噪声功率为

$$N_u = kT_u B \tag{7.4}$$

式中: T_u 为卫星接收系统的噪声温度(K); B 为转发器信道的噪声带宽(Hz); k 为波耳兹曼常数(1.38×10^{-23} J/K)。

于是可以得到卫星上行链路的载噪比为

$$\left(\frac{C}{N}\right)_u = \frac{C_u}{N_u} = \left(\frac{P_{\text{EIRP}}}{L_u L_{\ddot{u}}}\right)\left(\frac{G_u}{T_u}\right)\left(\frac{1}{kB}\right) \tag{7.5}$$

163

式中：G_u/T_u 为卫星天线的增益对噪声温度比。

将自由空间衰减带入式(7.5)得

$$\left(\frac{C}{N}\right)_u = \left(\frac{P_{EIRP}}{L'}\right)\left(\frac{c}{4\pi d_u f_u}\right)^2 \left(\frac{G_u}{T_u}\right)\left(\frac{1}{kB}\right) \tag{7.6}$$

若采用 dB 表示，可表示为

$$(C/N)_u = [P_{EIRP}] + [G_u/T_u] - [L_u] - [L_u] - [B] + 228.6 \tag{7.7}$$

式中：[ ]表示 $10\lg(\ )$，根据载波功率与噪声功率密度比 C/N_0 与载噪比 C/N 之间关系 $C/N_0 = C/N \times B(\mathrm{dB \cdot Hz})$，即可得到 C/N_0 的计算公式。

2. 卫星下行链路载噪比和总载噪比

卫星接收机将接收到的载波加噪声信号进行放大，经下变频和功率放大器放大后，由卫星天线重新发回地球。假设卫星重发的载波加噪声信号与收到的载波加噪声信号具有相同的载噪比，即 $(C'/N')_u = (C/N)_u$，记卫星重发载波信时的 EIRP 为 $EIRP_s$，即 $C' = EIRP_s$，于是 $N' = EIRP_s/(C/N)_u$。

地球接收站接收到的经传播衰减后的载波加噪声电压为 $s'(t) + n'(t) + n_d(t)$，$n_d(t)$ 是附加的均值为零的下行链路加性白噪声。假设 L_d 为下行链路自由空间衰减，L'' 为下行链路大气衰减、云衰减和降雨衰减等链路衰减的综合，接收地球站天线增益为 G_d，T_d 为接收地球站系统噪声温度，信道噪声带宽同样记为 B。则卫星下行链路总的载波信号功率为

$$C = E[s'^2(t)] = \frac{P_{EIRP_s} \cdot G_d}{L_d L''} \tag{7.8}$$

上行链路噪声引起的下行链路的伴随噪声功率为

$$N'_d = E[n'^2(t)] = \frac{N' \cdot G_d}{L_d L''} = \frac{P_{EIRP_s}}{L_d L''}\left(\frac{C}{N}\right)_u^{-1} G_d \tag{7.9}$$

下行链路噪声 N_d 仍然为

$$N_d = E[n_d^2(t)] = kT_d B \tag{7.10}$$

于是得到在接收地球站总的噪声功率为

$$N = N'_d + N_d = \frac{P_{EIRP_s}}{L_d L''}\left(\frac{C}{N}\right)_u^{-1} G_d + kT_d B \tag{7.11}$$

得到卫星上下行链路总的载噪比为

$$\frac{C}{N} = \frac{(P_{EIRP_s} \cdot G_d/L_d L'')}{\frac{P_{EIRP_s}}{L_d L''}\left(\frac{C}{N}\right)_u^{-1} G_d + kT_d B} = \frac{1}{\left(\frac{C}{N}\right)_u^{-1} + \left(\frac{P_{EIRP_s} \cdot G_d}{kT_d B L_d L''}\right)^{-1}} \tag{7.12}$$

式中：$\left(\dfrac{P_{\text{EIRP}_s}}{L_d L''}\right)\left(\dfrac{G_d}{T_d}\right)\left(\dfrac{1}{kB}\right)$ 即为卫星下行链路载噪比 $\left(\dfrac{C}{N}\right)_d$。

卫星上下行链路总载噪比又可写成如下形式：

$$\frac{C}{N} = \ = \frac{1}{\left(\dfrac{C}{N}\right)_u^{-1} + \left(\dfrac{C}{N}\right)_d^{-1}} = \left[\left(\frac{C}{N}\right)_u^{-1} + \left(\frac{C}{N}\right)_d^{-1}\right]^{-1} \tag{7.13}$$

7.1.2　误比特率

在描述数字信号的术语中，一个二进制符号称为一个 binit。实际应用中，一个 binit 所携带的信息定义为 1bit 信息。一个比特的持续时间称为比特周期，用 T_b 表示，则比特速率为 $R_b = \dfrac{1}{T_b}$。E_b/N_0（每比特能量与噪声功率谱密度的比值）与 C/N_0（载波与噪声功率密度的比值）的关系如下：

$$E_b/N_0 = \frac{C/N_0}{R_b} \tag{7.14}$$

以 PSK 调制系统为例，假设噪声具有平坦功率谱，则其理想的误比特率 P_b 可由下式计算：

$$P_b = \frac{1}{2}\text{erfc}\left(\sqrt{\frac{E_b}{N_0}}\right) \tag{7.15}$$

式中：erfc(x) 为误差互补函数，定义为

$$\text{erfc}(x) = (2/\sqrt{\pi})\int_x^\infty \text{e}^{-u^2}\text{d}u \tag{7.16}$$

几种数字调制的误比特率计算公式如表 7 - 1 所列。以 BPSK 为例，其理想的误比特率如图 7 - 2 所示。假设系统要求最低误比特率为 5×10^{-7}，计算得到其对应的 $[E_b/N_0]$ 值约为 10.7dB。假设系统晴空 $[E_b/N_0]$ 值为 16.5dB，卫星上行链路工作频率为 30GHz，下行链路工作频率为 20GHz，卫星定点经度为 100.5°，地面站在青岛地区。利用雨衰减预测模型预测的上行链路 99.5% 可用度的雨衰减为 11dB，即上行链路 $[E_b/N_0] = 16.5 - 11 = 5.5$dB，则为达到最低误比特率标准需要补偿 5.2dB。预测的下行链路同样概率的雨衰减为 4.9dB，降雨噪声为

$$T_s = 260(1 - 10^{-4.9/10}) \approx 175.9\,(\text{K}) \tag{7.17}$$

若接收系统的有效噪声温度为 400K，则噪声功率的增加值为

$$10\lg\frac{400+175.9}{400}\approx1.6 \quad (\text{dB}) \tag{7.18}$$

因此,下行链路$[E/N_0]=16.5-4.9-1.6=10$dB,需补偿0.7dB。

表7-1 典型调制方式的误比特率

系统调制类型		误比特率
直接编码	BPSK	$1/2\text{erfc}(\sqrt{E_b/N_0})$
	QPSK	$1/2\text{erfc}(\sqrt{E_b/N_0})$
差分编码	DE-BPSK	$\text{erfc}(\sqrt{E_b/N_0})$
	DE-QPSK	$\text{erfc}(\sqrt{E_b/N_0})$
	D-BPSK	$1/2\exp(-E_b/N_0)$

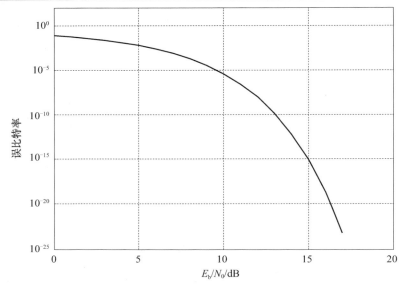

图7-2 理想 BPSK 调制性能

7.2 卫星系统抗衰落技术

对于 Ku 及以上频段卫星通信系统,星地链路衰减愈发严重,传统的预留余量方式已经无法满足系统可靠性要求,需要采用抗衰落技术对链路突发衰减(主要是雨衰减)进行补偿。常用的抗衰落技术可分为三大类,即分集技术、功率控制技术和自适应信号处理技术,见图7-3。实际中常同时采用多种抗衰落技术,例如,美国的 ACTS 卫星通信系统就综合利用了链路余量、上行链路功率控制技术、自适应纠错编码技术、自适应速率调整技术。本节将对卫星通信系统中常用的抗衰落技术进行介绍和分析。

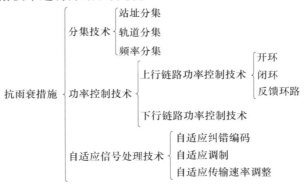

图 7 – 3　卫星通信系统常用抗衰落技术分类

7.2.1　分集技术

分集技术就是采用多条通信链路的策略来对抗链路传播衰减,根据分集方式不同分为站址分集、轨道分集和频率分集。

1. 站址分集

由于降雨分布的不均匀性,尤其是暴雨等强降雨事件总是在一定的尺度范围内发生,站址分集(Site Diversity,SD)正是基于这一原理,通过在两个或以上的地面站点接收卫星信号以减小雨衰减的影响,理想情况下,两个站点应该具有独立的降雨分布特性,站址距离至少应该超过强降雨时的雨胞半径,一般认为10km 以上距离可以满足要求。

图 7 –4 为站址分集示意图,图中 θ 为星地路径仰角;d 为两个站点 A、B 间的基线距离;ψ 为基线与卫星链路在地面投影的夹角,称为基线方位角。基线距离和基线方位角是影响分集效果的两个最重要的参量。随着基线距离的增加,两个站点之间雨衰减的瞬时相关性减小;基线方位角的理想值为 90°,此时两条卫星链路在空间上得到最佳隔离。站址分集主要适用于固定卫星业务,实验结果表明,对于 Ka 频段卫星系统采用该方法可以增加 10～30dB 的链路增益。

站址分集的性能常通过超过给定门限雨衰减的联合概率或分集增益来评估,下面以两个分集站为例分别介绍相应的预测方法。

1) 站址分集下雨衰减联合概率分布预测方法

该分集预测方法认为降雨和雨衰减符合对数正态分布。令 $p_r(A_1 \geqslant a_1, A_2 \geqslant a_2)$ 表示两个分集站的雨衰减的联合概率分布,即分集的第一个站点的雨衰减

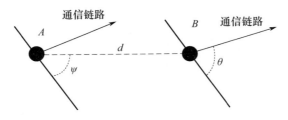

图 7-4　站址分集示意图

$A_1 \geqslant a_1$ 且第二个站点雨衰减 $A_2 \geqslant a_2$ 的发生概率。定义 p_{r0} 为两个站点同时发生降雨的概率，p_a 为两个站点都发生降雨的情况下，雨衰减分别超过 a_1 和 a_2 的条件联合概率，即 $p_a = p(A_1 \geqslant a_1, A_2 \geqslant a_2 \mid p_{r0})$。则：

$$p_r(A_1 \geqslant a_1, A_2 \geqslant a_2) = 100 \times p_{r0} \times p_a (\%) \tag{7.19}$$

p_{r0} 和 p_a 的计算公式分别为

$$p_{r0} = \frac{1}{2\pi \sqrt{1 - \rho_r^2}} \int_{R_1}^{\infty} \int_{R_2}^{\infty} \exp\left[-\left(\frac{r_1^2 - 2\rho_r r_1 r_2 + r_2^2}{2(1 - \rho_r^2)} \right) \right] \mathrm{d}r_1 \mathrm{d}r_2 \tag{7.20}$$

$$p_a = \frac{1}{2\pi \sqrt{1 - \rho_a^2}} \int_{\frac{\ln a_1 - m_{\ln A_1}}{\sigma_{\ln A_1}}}^{\infty} \int_{\frac{\ln a_2 - m_{\ln A_2}}{\sigma_{\ln A_2}}}^{\infty} \exp\left[-\left(\frac{a_1^2 - 2\rho_a a_1 a_2 + a_2^2}{2(1 - \rho_a^2)} \right) \right] \mathrm{d}a_1 \mathrm{d}a_2$$

$$\tag{7.21}$$

式中：$m_{\ln A_1}, m_{\ln A_2}, \sigma_{\ln A_1}, \sigma_{\ln A_2}$ 为站点雨衰减对数正态分布参数，可通过站点的雨衰减 A_i 和对应时间概率 p_i 之间的对数正态拟合得到，拟合公式如式(7.24)，具体拟合过程可见第 3 章 3.4.1 节。

$$p_i = p_k^{\text{rain}} Q\left(\frac{\ln A_i - m_{\ln A_i}}{\sigma_{\ln A_i}} \right) \tag{7.22}$$

ρ_r 与 ρ_a 可分别定义为

$$\rho_r = 0.7\exp(-d/60) + 0.3\exp[-(d/700)^2]$$

$$\rho_a = 0.94\exp(-d/30) + 0.06\exp[-(d/500)^2]$$

门限 R_1、R_2 是如下方程的解：

$$p_k^{\text{rain}} = 100 \times Q(R_k) = 100 \times \frac{1}{\sqrt{2\pi}} \int_{R_k}^{\infty} \exp\left(-\frac{r^2}{2} \right) \mathrm{d}r \tag{7.23}$$

即

$$R_k = Q^{-1}\left(\frac{p_k^{\text{rain}}}{100}\right) \tag{7.24}$$

式中：R_k 为第 k 个站点的门限（$k=1,2$）；p_k^{rain} 为第 k 个站点的降雨发生概率（$k=1,2$）。

以某站点星地链路为例，工作频率为 20GHz，链路仰角为 43.4°，站点有雨概率为 3.9%，0.01% 时间概率被超过的降雨率为 78.27mm/h。计算可得其单站的 0.1% 时间概率被超过的雨衰减为 11.72dB，即系统要达到 99.9% 的可通率，需要补偿近 12dB 的衰减。若采用站址分集技术，分集距离为 20km，采用上述预测方法可得到分集联合概率 $p_r(A_1 \geq 12, A_2 \geq 12)$ 近似为 0.01%，即分集后补偿相同的雨衰减可将系统的可通率提高至 99.99%。图 7-5 给出了上述链路单站与分集情况下的雨衰减累计分布，可见，站址分集有效规避了雨衰减对系统的影响，大大提高了系统的可通率。

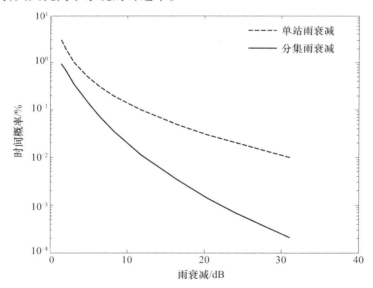

图 7-5　单站与站址分集雨衰减累计分布

2）分集增益预测方法

该方法适用于分集站点距离小于 20km、频率 $10\text{GHz} \leq f \leq 30\text{GHz}$ 的情况，站点分集增益的预测公式如下：

$$G_{sd} = G_d \cdot G_f \cdot G_\theta \cdot G_\psi \tag{7.25}$$

式中：G_d 为站间距离增益因子，可定义为

$$G_d = a(1 - e^{bd}) \tag{7.26}$$

$$a = 0.78A - 1.94(1 - \mathrm{e}^{-0.11A})$$

$$b = 0.59(1 - \mathrm{e}^{-0.1A})$$

G_f 为频率增益因子,可定义为

$$G_f = \mathrm{e}^{-0.025f} \tag{7.27}$$

G_θ 为仰角增益因子,可定义为

$$G_\theta = 1 + 0.006\theta \tag{7.28}$$

G_ψ 为基线方位增益因子,可定义为

$$G_\psi = 1 + 0.002\psi \tag{7.29}$$

以频率为 20GHz 的某星地链路为例,链路仰角为 50.4°,0.1%($p_1 = 0.1\%$)时间概率被超过的雨衰减为 11.18dB。站址分集参数如下:$d = 10\mathrm{km}$,$\psi = 85°$。则分集增益的计算如下:

$$a = 0.78 \times 11.18 - 1.94 \times (1 - \mathrm{e}^{-0.11 \times 11.18}) = 7.35$$

$$b = 0.59 \times (1 - \mathrm{e}^{-0.1 \times 11.18}) = 0.40$$

$$G_d = a(1 - \mathrm{e}^{-bd}) = 7.22$$

$$G_f = 0.61, G_\theta = 1.12, G_\psi = 1.17$$

$$G = G_d \cdot G_f \cdot G_\theta \cdot G_\psi = 5.77(\mathrm{dB})$$

由此可见,站址分集带来了 5.77dB 的增益。图 7-6 给出了基线距离 d 和基线方位角 ψ 对分集增益的影响。基线距离超过 10~20km 以后分集增益几乎不再变化,研究认为这是由建模时使用的试验数据造成的,这一观点尚有待更多试验验证。

2. 轨道分集和频率分集

1)轨道分集

轨道分集(Orbit Diversity,OD)分为两种方式:一是优化卫星数量和排列以避免在低仰角的环境下进行通信;二是允许地面站根据路径传播环境在两个不同轨道位置的卫星之间选择更合理的链路进行通信。这里主要讨论第二种情况。由于地面站是固定的,轨道分集的分集路径之间具有较强的相关性,因此轨道分集的抗衰落效果不如站址分集明显。轨道分集的优点是通过合理的资源共享机制,可以实现卫星为多个地面站提供资源共享,这与站址分集抗衰落技术相比,大大提高了资源的利用效率。此外,当首选卫星发生故障或其他突发情况时,轨道分集也可以发挥其效用。

研究人员基于 COMSTAR D1 和 COMSTAR D2 卫星、SIRIO 和 OTS 卫星以及

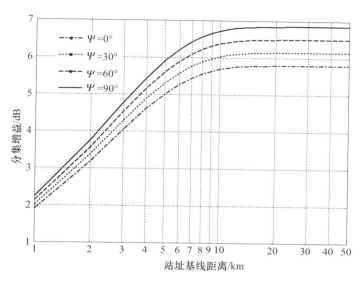

图 7-6　分集增益与基线距离及方位角的关系

OLYPUS 和 ITALSAT 卫星,开展了轨道分集的试验研究,发现轨道分集增益随着链路仰角的增大而减小,随着频率的增加,分集增益效果更加明显,12GHz 情况下的归一化轨道分集增益可提高 30% 。

　　轨道分集的前提是存在可供选择的卫星,同时为了节约在不同链路之间的切换时间,地面站一般需要配备两套天线系统。

　　2)频率分集

　　频率分集(Frequency Diversity,FD)技术要求卫星端载有不同频段的载荷,当路径上发生降雨等对 Ka 及以上频段衰减严重的事件时,选择较低的 X 频段或 Ku 频段进行通信。实施频率分集要求地面站具备两套接收装置。实验表明当系统在 Ku 频段和 Ka 频段之间切换时,最高可获得 30dB 的增益。

7.2.2　功率控制技术

　　功率控制技术根据星地链路的实时衰减合理改变发射功率,以保证接收端接收到的信号功率满足通信需求。功率控制技术对于上行链路和下行链路同样适用,分别称为上行链路功率控制技术(Up-Link Power Control,ULPC)和下行链路功率控制技术(Down-Link Power Control,DLPC)。功率控制技术较单纯的用高发射功率补偿链路衰减具有突出的优势。一方面,可以防止卫星上的转发器过载;另一方面,可以避免长时间高功率发射对其他链路的干扰,节约资源。

卫星系统电波传播

功率控制技术可以补偿的最大链路衰减等于地面站或者卫星功率放大器的最大输出功率与链路在晴空条件下正常通信所需的输出功率的差值。

1. 上行链路功率控制技术

上行链路功率控制技术是最为常用的卫星抗衰落技术,当降雨等对流层事件发生时,增加地面端的发射功率以补偿链路上的衰减;在晴空情况下,则减小地面端的发射功率以避免浪费。最终的目的是保证到达卫星转发器的信号强度保持不变。

上行链路功率控制有开环、闭环和反馈环路三种方式。闭环与反馈环路控制虽然能够在一定程度上提高控制精度,但存在一定的延时(闭环0.26s,反馈环路0.52s),而且系统较开环方式更为复杂。在实际应用中,开环控制更易实现,也得到了最为广泛的研究。通过合理调整开环控制的参数,也可达到较好的控制精度。在开环方式中,通过地面端观测设备结合传播预测模型对卫星链路衰减进行估计,并据此调整地面站的发射功率。一般情况下,地面端通过卫星下行链路信标信号或者微波辐射计接收的大气辐射信号进行链路衰减(主要为雨衰减)的监测。

当基于卫星下行链路信标信号进行链路衰减监测时,上行链路衰减需要通过转换模型获得,具体方法见第3章3.4节。当利用微波辐射计进行链路衰减监测时,链路衰减的计算公式如下:

$$A = 10\lg\frac{T_m}{T_m - T_s} \qquad (7.30)$$

式中:A 为链路衰减(dB);T_m 为有效大气辐射温度,一般可取260K;T_s 为微波辐射计观测到的链路辐射亮温(K)。微波辐射计存在饱和现象,试验和研究表明,辐射计可监测的链路衰减不超过13dB。

2. 下行链路功率控制技术

下行链路功率控制技术通过增加卫星下行链路发射功率以保证到达地面端的信号能满足通信需求。下行链路功率控制技术一般通过两种方式来补偿下行链路衰减:一是增加卫星发射机功率;二是根据传播环境调整卫星发射天线增益以达到改变卫星 EIRP 的目的,又称为星载波束形成(On – Board Beam Shaping,OBBS)技术。下行链路功率控制技术的实现较上行链路功率控制技术更为复杂。

采用下行链路功率控制技术时,卫星波束覆盖范围内的区域接收到的信号功率都会得到加强,会形成对临近地面站的干扰。受到卫星有效载荷的限制,通过增加卫星发射机功率的方式可补偿的链路衰减有限。波束形成技术则是基于星载有源天线阵列,通过减小点波束的尺寸达到增加天线增益的目的,该技术的

172

优点是不额外增加发射机的发射功率,但技术要求更高,系统也更为复杂。因此,在实际应用中,使用最多的还是上行链路功率控制技术。

7.2.3 自适应信号处理技术

自适应信号处理(Adaptive Signal Processing,ASP)技术主要包括自适应纠错编码、自适应调制和自适应传输速率调整技术。

1. 自适应纠错编码

自适应纠错编码技术通过可变的编码速率来补偿链路的传播衰减。以时分多址系统为例,通常使用自适应前向纠错编码(Adaptive Forward Error Correction,AFEC)来降低误码率,一般可补偿 2 ~ 10dB 的衰减。一个拥有 32 个地面终端,工作频率为 11/14GHz 的时分多址卫星通信系统,采用 AFEC 技术可以获得最多 8dB 的编码增益。美国 ACTS 通信卫星即采用了 AFEC 技术,配合速率缩减技术可以补偿 10dB 的衰减。

2. 自适应调制

自适应调制技术是一种自适应发射速率技术,信息比特速率随调制方式的不同而改变。自适应调制技术作为一种抗衰落技术,避免了为获得高可用度而采用较大的固定衰落储备,减少了资源浪费,使系统容量尽可能达到极限值,保证高的通信质量和数据传输量。通过对系统比特误码率(Bit Error Rate,BER)的统计分析,发现在理想情况下,自适应调制系统的中断时间比传统的 8 - PSK 系统要少 1/4,一年内的数据输出可增加约 30%。

但自适应调制也对系统提出了新的要求:一是系统需要通信设备能支持多种调制方案,二是为必须在系统中实现智能化以便进行自适应。另外,自适应调制系统的实现必须以系统能忍受的瞬时数据速率的降低为前提。

3. 自适应传输速率调整

自适应传输速率调整就是根据星地链路的传播衰减情况,对信号的传输速率进行自适应调整。该技术获得的增益正比于标准信号数据速率与减少的信号数据速率之比。自适应传输速率调整技术需要系统预留帧时隙以实现突发的速率缩减,系统的相对有效可用容量为

$$C_{\mathrm{ARR}} = \frac{1}{1 + F(R_D - 1)} \qquad (7.31)$$

式中:F 为需要缩减速率的信道数占总信道数的比值;R_D 为标准信号数据速率与减少的信号数据速率之比,该值等于时帧扩展。当传输速率从 2048kb/s 依次缩减到 1024、512 和 256kb/s 时,可分别获得 3、6 和 9 dB 的增益。

7.3 典型卫星系统传播设计

卫星系统的工作频段涵盖了 UHF 波段到 EHF 频段,不同频段的电波会在不同程度上受到电离层和对流层的传播影响。例如,使用低频段的卫星系统主要受电离层传播效应的影响,而高频段(大于 3GHz)的传播影响则主要来自对流层。这些传播效应是系统设计必须要考虑的。对于 3 ~ 10GHz 频段,由于电离层传播效应以及对流层大气衰减、云衰减、对流层闪烁等影响很小,可主要考虑雨衰减和雨致去极化效应,设计流程可参见 10GHz 以上频段卫星系统设计。本章分别介绍 3GHz 以下及 10GHz 以上频段卫星系统需要考虑的传播效应和传播设计流程,同时对移动卫星系统传播设计进行了简单介绍。

7.3.1 固定业务卫星系统传播设计

7.3.1.1 3GHz 以下频段卫星系统传播设计

对于 3GHz 以下频段卫星系统,电波环境引起的传播效应主要发生在电离层,需要考虑电离层引起的法拉第旋转、群延迟和时延色散等效应,此外,在某些情况下,还应考虑电离层闪烁、极区吸收和极盖吸收。相关内容在本书第五章有详细介绍。

考虑电离层对卫星系统的影响,需要确定以下参数:系统频率 f(GHz);达到预设性能指标的百分比时间(年偏差);极化偏折角 τ(°);链路的仰角 θ(°);地面站的纬度 φ(°),以北纬 N 或南纬 S 表示,北纬为正,南纬为负;地面站的经度 δ(°),以东经 E 或西经 W 表示,东经为正,西经为负;海拔高度 h_s(km)。

大部分电离层传播效应需要确定电离层路径总电子含量 TEC,故精确计算信号电离层总电子含量是第一步。对于一些系统而言,如果不需要精确 TEC,可通过以下方法估计 TEC 值:TEC $= N_mF_2 \times H_{slab}$,其中 N_mF_2 表示 F_2 层最大电子密度,H_{slab} 表示电离层等效板厚,一般取值为 300km。

3GHz 以下频段卫星系统传播设计流程如图 7-7 所示。其中电离层相关效应的计算方法见第 5 章。

7.3.1.2 10GHz 以上频段卫星系统传播设计

使用 Ku/Ka/Q/V 频段的卫星系统主要受对流层传播效应的影响。本节分别介绍上述频段的地球同步轨道卫星系统设计所需考虑的传播效应。

1. Ku 频段卫星系统传播设计

本节主要介绍 Ku 频段固定卫星业务(Fixed Satelite Service,FSS)系统、低余量 Ku 频段 FSS 系统和广播卫星业务(Broadcast Satelite Service,BSS)系统传播

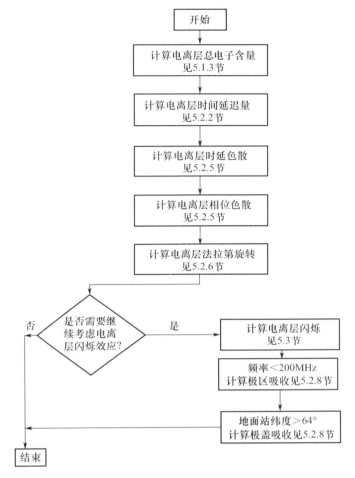

图 7 - 7 3GHz 以下频段卫星系统传播设计流程图

设计流程。

1）Ku 频段 FSS 系统传播设计

将传播效应预测方法应用于 Ku 频段 FSS 系统设计中,基于系统整体性能需求(链路可通率,中断时间)来确定最终的系统参数(天线尺寸,波束宽度,传输功率等)。Ku 频段 FSS 系统设计的可通率一般为 95% ~ 99.99%,在系统设计时主要考虑雨衰减的影响,如果星地链路仰角低于 20°,则还需要考虑对流层闪烁衰落,利用第二章和第三章提供的不同传播效应预测方法获得上述传播效应之后,使用 3.10 节提供的大气综合衰减计算方法得到综合衰减。当系统使用频率复用时,则还需要考虑雨致去极化效应和冰晶去极化效应。Ku 频段 FSS 系统的传播设计流程如图 7-8 所示。不同传播效应计算方法参见前述相应章节。

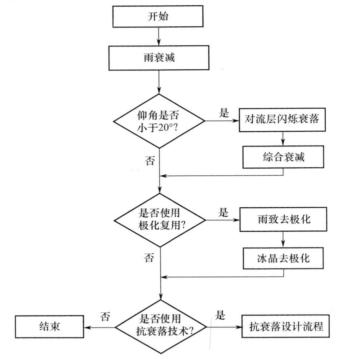

图 7-8   Ku 频段 FSS 系统传播设计流程图

当系统使用抗衰落技术时,进一步的设计流程如图 7-9 所示。

2) 低余量 Ku 频段 FSS 系统传播设计

低余量 Ku 频段 FSS 系统一般采用通甚小口径终端(Very Small Aperture Terminal, VSAT)系统,其功率余量较低,通常为 1~3dB,对应的系统可通率为 99%~99.5%。为保证可通率要求,除需考虑雨衰减外,还需要考虑云雾衰减和大气衰减等传播效应。低余量 Ku 频段 FSS 系统的传播设计流程如图 7-10 所示。

3) BSS 系统传播设计

目前直接入户 BSS 系统的下行链路主要工作在 Ku 频段,具体的波段分配:一区为 11.7~12.5GHz,二区为 12.2~12.7GHz,三区为 11.7~12.2GHz。上行链路一般工作在 17.3~18.1GHz。BSS 系统传播设计需要考虑大气衰减、雨衰减和云雾衰减等效应。地面终端一般使用小孔径天线,其卫星系统的 EIRP 较 FSS 系统要大 6~10dB。其系统性能不采用年平均统计而是由最坏月的链路可用率确定。BSS 系统传播设计流程见图 7-11。

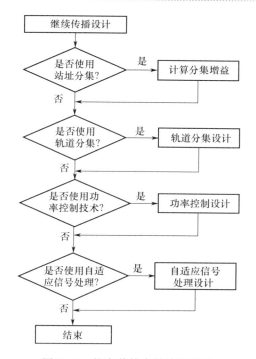

图 7-9 抗衰落技术设计流程图

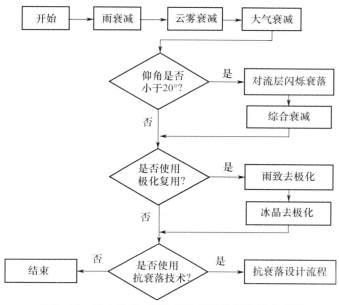

图 7-10 低余量 Ku 频段 FSS 系统传播设计流程图

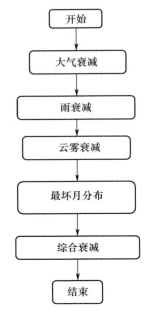

图 7 - 11　BSS 系统传播设计流程图

2. Ka 频段卫星系统传播设计

目前,Ka 频段卫星系统得到了广泛的应用。本节分别介绍 Ka 频段 FSS 系统和低余量 Ka 频段 FSS 系统的传播设计。

1) Ka 频段 FSS 系统

Ka 频段 FSS 系统的传播设计除需考虑大气衰减和雨衰减外,还需要考虑对流层闪烁效应。当系统使用频率复用时,还需要考虑雨致去极化效应和冰晶去极化效应。Ka 频段 FSS 系统传播设计流程如图 7 - 12 所示,其中抗衰落技术设计流程见图 7 - 9。

2) 低余量 Ka 频段 FSS 系统

与低余量 Ku 频段 FSS 系统类似,低余量 Ka 频段 FSS 系统一般也采用 VSAT 系统,链路功率余量一般为 1 ~ 3dB,对应的系统可通率为 99% ~ 99.5%。需要考虑大气衰减、云雾衰减和雨衰减等的影响。图 7 - 13 给出低余量 Ka 频段 FSS 系统的传播设计流程,其中抗衰落技术设计流程见图 7 - 9。

3. Q/V 频段卫星系统传播设计

Q/V 频段 FSS 系统上行链路频率范围为 47.2 ~ 50.2GHz,下行链路频率范围为 37.5 ~ 40.5GHz,数据传输率最高可达 3Gb/s,主要提供宽带多媒体服务、VSAT 和直接入户服务。Q/V 频段 FSS 系统设计需要考虑的传播影响包括大气

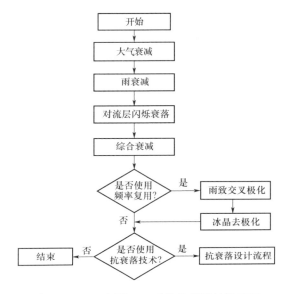

图 7 – 12　Ka 频段 FSS 系统传播设计流程图

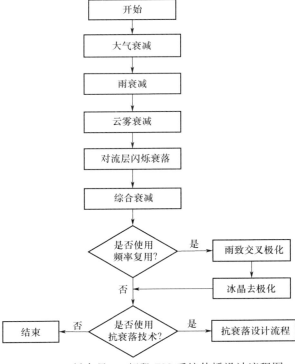

图 7 – 13　低余量 Ka 频段 FSS 系统传播设计流程图

衰减、雨衰减和云雾衰减。当星地链路仰角小于 20°时,需要考虑对流层闪烁效应。当系统使用频率复用时,还需要考虑雨致去极化效应和冰晶去极化效应。图 7 – 14 给出 Q/V 频段 FSS 系统传播设计流程,其中抗衰落技术设计流程见图 7 – 9。

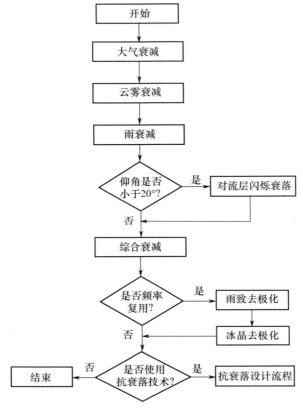

图 7 – 14 Q/V 频段 FSS 系统传播设计流程图

7.3.2 移动业务卫星系统传播设计

　　移动卫星系统除需考虑前面提到的对流层和电离层对卫星系统的影响外,还需考虑不同应用场景特有的传播效应。例如,海事移动卫星系统主要考虑海面的反射以及邻近卫星的干涉效应;陆地移动卫星系统主要考虑陆地植被以及建筑物的遮蔽效应以及混合传播条件下的统计计算方法;航空移动卫星系统主要考虑海面的反射衰落效应以及进场和着陆的多径计算方法带来的传播效应,见图 7 – 15。详细介绍和相应的传播计算方法见第 4 章。

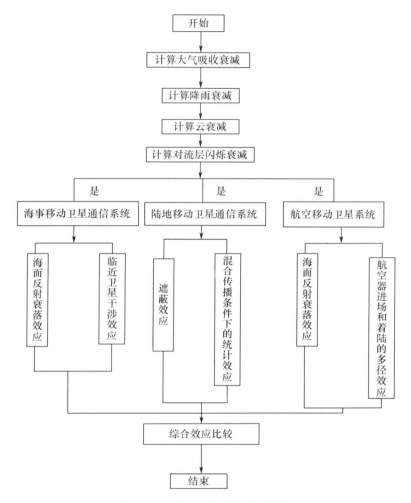

图 7 - 15　移动卫星系统传播设计

参考文献

[1] International Telecommunications Union（ITU）, Handbook on Satellite Communications（3rd Edition）, Wiley – Interscience, 2002.

[2] 丹尼斯·罗迪, 张更新, 等译. 卫星通信（第 3 版）. 北京:人民邮电出版社,2002.

[3] 陈振国,杨鸿文,郭文彬. 卫星通信系统与技术. 北京:北京邮电大学出版社,2003.

[4] Louis J, Ippolito Jr. Satellite Communications Systems Engineering:Atmospheric effects, satellite link design and system performance. A John Wiley and Sons, Ltd, Publication, 2008.

[5] Castanet L, Lemorton J, Bousquet M. Fade Mitigation techniques for New SatCom services at Ku – band and

above: a Review. Fourth Ka – band Utilization Conference, Venice, 2 – 4 November 1998.

［6］ Rec. ITU – R P. 618 – 10, Propagation data and prediction methods required for the design of Earth – space telecommunication systems, 2009.

［7］ Capsoni C, Matricciani E. Orbital and site diversity systems in rain environment : radarderived results. IEEE Trans. on Ant. and Prop. , Vol. 33, n°5, May 1985, pp. 517 – 522.

［8］ Capsoni C, Matricciani E, Mauri M. Sirio – Ots 12 – GHz orbital diversity experiment at Fucino. IEEE Trans. on Ant. and Prop. , Vol. 38, n°6, June 1990, pp. 777 – 782.

［9］ Matricciani E, Mauri M. Italsat – Olympus 20GHz orbital diversity experiment at Spino d′Adda. IEEE Trans. on Ant. and Prop. , Vol. 43, n°1, Jan. 1995, pp. 105 – 108.

［10］ Dissanayake A W. Application of open – loop uplink power control in Ka band satellite links. Proc. of IEEE, Vol. 85, No. 6, 1997. 56

［11］ Fukuchi H. Quantitative Analysis of the Effect of Adaptive Satellite Power Control as a Rain Attenuation Countermeasure. IEEE International Symposium on Antennas and Propagation, IEEE Catalog No. 94CH3466 – 0, Vol. 2, 1332 – 1335. (64)

［12］ Mazur B, Crozier S, Lyons R and Matyas R. Adaptive forward error correction techniques in TDMA. Sixth International Conference on Digital Satellite Communications, Phoenix, AZ, IEEE Cat. No. 83CH1848 1, pp. XII8 – 15, Sept. 19 – 23, 1983.

［13］ Holmes W M Jr. and Beck G A. The ACTS flight system: cost effective advanced communications technology. AIAA 10th Communications Satellite Systems Conference, AIAA CP842, Orlando, FL, pp. 196 – 201, Mar. 19 – 22, 1984.

［14］ Louis J, Ippolito Jr. Propagation Effects Handbook for Satellite Systems Design (Fifth Edition), Section 3, Applications. Jet Propulsion Laboratory, 1999.

［15］ Bruce R. Elbert, The Satellite Communication Applications Handbook, 2nd Ed, 2004.

内 容 简 介

　　本书系统总结了影响卫星信号传输的各种电波传播效应与预测方法,并结合典型卫星系统,介绍了电波传播和抗衰落技术在系统设计中的应用。全书共分7章,包括:卫星系统电波传播基础;对流层晴空传播效应;水凝物传播效应;地表反射与本地环境效应;电离层传播效应;无线电噪声与干扰协调;卫星系统抗衰落技术与传播设计。

　　本书主要面向从事卫星系统研发和应用工作的科研、工程技术人员,也可作为高等院校无线电通信和电波传播相关专业本科生、研究生和教师的参考书。

This book provides background and prediction methods for radio wave propagation effects on satellite systems. The application of the prediction models for specific satellite system design and fade mitigation techniques are also introduced. The book is divided into seven chapters which include fundamentals of radiowave propagation for satellite systems, clear air effects, hydrometeor effects, Earth's surface reflection and local environment effects, ionospheric effects, radio noise and interference coordination, fade mitigation techniques and propagation analysis of satellite system design.

This book is mainly intended for users of satellite system designs and application. It can also be used as a reference book for undergraduates, graduates and teachers in universities.

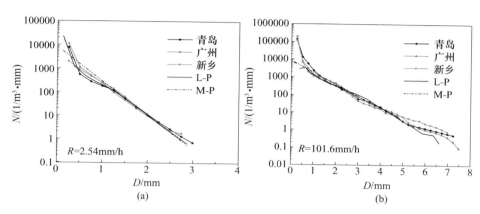

图 3 - 3   我国雨滴尺寸分布与 L - P 和 M - P 雨滴尺寸分布比较

(a)$R = 2.54\text{mm/h}$；(b)$R = 101.6\text{mm/h}$。

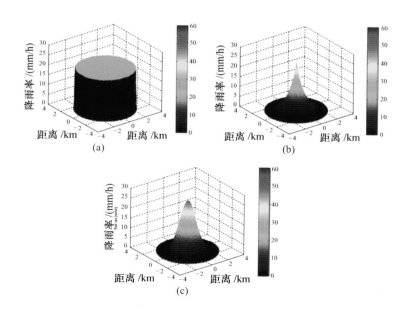

图 3 - 5   典型雨胞模型示例

(a)柱形雨胞；(b)指数雨胞；(c)高斯雨胞。

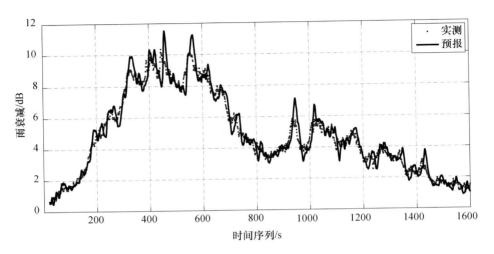

图 3 - 22　基于灰色理论的雨衰减实时预报示例

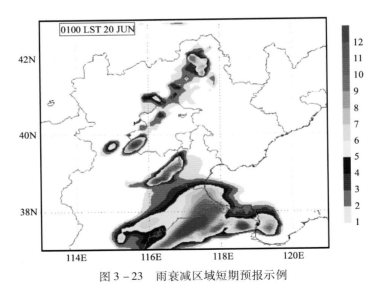

图 3 - 23　雨衰减区域短期预报示例

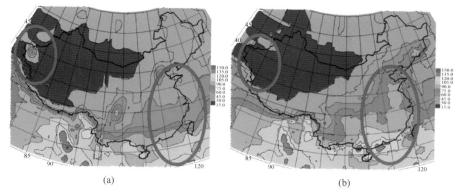

(a)　　　　　　　　　　　　　　　　(b)

图 3 - 27　0.01% 时间概率被超过的降雨率数字地图比较

（a）ITU - R 生成；（b）我国统计数据生成。

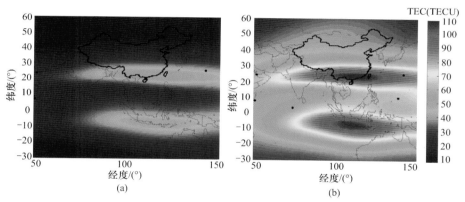

(a)　　　　　　　　　　　　　　　　(b)

图 5 - 4　中国及周边地区太阳活动低和高年电离层 TEC 分布

（a）2007 年（低）；（b）2013 年（高）。

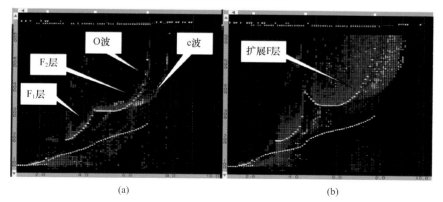

(a)　　　　　　　　　　　　　　　　(b)

图 5 - 10　电离层测高仪测到的电离层描迹[17]

（a）正常情况的电离层图描迹；（b）扩展 F 电离层图描迹。

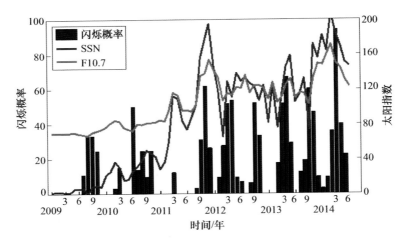

图 5 - 30 太阳活动指数和电离层闪烁的相关性分析[18]

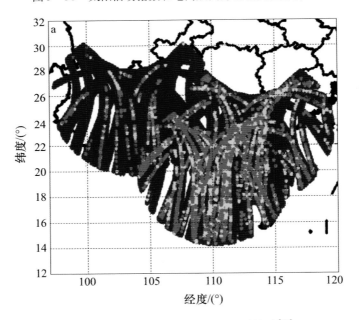

图 5 - 32 我国电离层闪烁发生区域统计[18]